欧陆漫游

第1季

吴国盛　著

中国科学技术出版社

·北京·

图书在版编目（CIP）数据

吴国盛科学博物馆图志. 欧陆漫游. 第 1 季／吴国盛著. —北京：中国科学技术出版社 2017.3（2020.8 重印）

ISBN 978-7-5046-7277-3

I. ①吴 … II. ①吴 … III. ①科学技术－博物馆－欧洲－图集 IV. ① N28-64

中国版本图书馆 CIP 数据核字 (2016) 第 259711 号

策划编辑	杨虚杰
责任编辑	鞠　强
装帧设计	犀烛书局
责任校对	杨京华
责任印制	马宇晨

出　　版	中国科学技术出版社
发　　行	中国科学技术出版社有限公司发行部
地　　址	北京市海淀区中关村南大街 16 号
邮　　编	100081
发行电话	010-62173865
传　　真	010-62173081
网　　址	http://www.cspbooks.com.cn

开　　本	889mm×1230mm　1/32
字　　数	180 千字
印　　张	7.375
版　　次	2017 年 3 月第 1 版
印　　次	2020 年 8 月第 2 次印刷
印　　刷	天津兴湘印务有限公司
书　　号	ISBN 978-7-5046-7277-3/N·221
定　　价	48.00 元

目录

前　言

科学博物馆（Science Museum，简称"科博馆"）广义上包括自然博物馆（Natural History Museum）、科学工业博物馆（Science and Industrial Museum，简称"科工馆"）和科学中心（Science Center）三种科学类博物馆，其中自然博物馆专门收藏动物、植物与矿物标本，展示大自然的品类之盛；科学工业博物馆专门收藏科学仪器、技术发明和工业设备，展示近代科技与工业的历史遗产；科学中心基本上不收藏，以展陈互动展品为主，帮助观众在玩乐和亲手操作中理解科学。按照出现的历史顺序，这三类博物馆或可分别称为第一代、第二代和第三代科学博物馆。不过，它们虽然有历时关系，但也具有共时关系，因为后一代科学博物馆类型的出现并没有取代前一代，而是同时并存、互相补充。就此而言，这三类博物馆又可以称为第一类、第二类和第三类科学博物馆。在有些大型科学类博物馆中，这三种类型的展陈内容和展陈形式兼而有之、相互融合、相得益彰。

科学博物馆在弘扬科学文化、推动公众理解科学、提高公民科学文化素质方面，发挥着不可替代的作用。在我国，科学博物馆常见的称呼是"科技馆"或"科学技术馆"。近十多年来，随着经济实力的提高，我国从中央到地方陆续兴建和改造科技馆。我们也许可以说，中国正在进入科技馆的发展高峰时期。学习发达国家的科学博物馆，借鉴他们的成功经验，对中国的科技馆建设和发展具有重要意义。中国科技馆界需要更多的了解国外科博馆。

另一方面，随着我国人民生活水平的提高，出国旅游越来越成为时尚。在欧美发达国家，参观博物馆是旅游的重要项目，因为博物馆积淀了一个地区、一个民族的文化精华，是最重要的人文景观。中国游客早晚会养成参观博物馆的习惯，并且在参观博物馆中了解异域的文化、陶冶自己的情操。目前，参观艺术博物馆一定程度上成为共识，相关旅游指南多有出版，但科学博物馆尚未被更多的旅游者所了解。这个局面也需要打破。

2013年秋天，我受聘担任湖北省科技馆新馆内容建设总编导，全面负责内容建设布展大纲的编创工作。为了完成这一工作，过去两年来，我利用各种机会访问了许多发达国家的科学博物馆，拍摄了数千张照片。在中国科学技术出版社杨虚杰女士的大力支持下，我精选了若干展品图片，配上相应的文字，按照国别地区分册，集成了这套"吴国盛科学博物馆图志"，希望能够对中国的科技馆界和广大出国旅游者有所裨益。

❖

在考察了英国科学博物馆之后，我于2014年4月22日由伦敦飞到意大利米兰。在此后的8天中，我考察了位于米兰的意大利国立达芬奇科学技术博物馆、博洛尼亚大学博物馆、佛罗伦萨伽利略博物馆、芬奇镇的列奥纳多博物馆、比萨大学的计算仪器博物馆、瑞士伯尔尼的爱因斯坦博物馆以及瑞士温特图尔的瑞士科学中心。欧洲是近代科学的故乡，意大利文艺复兴拉开了科学革命的序幕，产生了达芬奇和伽利略这样的科学巨人，因此，意大利的科学博物馆里保存了无数的科学史和技术史遗迹。瑞士是精密制造业强国，其科学中心的互动展品工艺高超。欧洲大陆的科学博物馆，各具特色，精彩纷呈，本书对上述各馆的展品做一个回顾。

第一站

米兰国家达芬奇科学技术博物馆

MUSEO NAZIONALE DELLA SCIENZA E DELLA TECNOLOGIA LEONARDO DA VINCI

米兰国家达芬奇科学技术博物馆

MUSEO NAZIONALE DELLA SCIENZA E DELLA TECNOLOGIA LEONARDO DA VINCI

　　意大利的国家达芬奇科学技术博物馆（Museo Nazionale della Scienza e della Tecnologia Leonardo da Vinci）设在米兰，于 1953 年 2 月 5 日首次开放，以庆祝达芬奇诞辰 500 周年。它所占据的建筑物原来是 16 世纪早期的奥利坦修道院（Olivetan Monastery）。博物馆收集了意大利科学技术史上的重要物品，以展示意大利的科技发展历程。馆内目前收藏了 16000 个藏品，有 15 个展区、13 个实验室和 2 个图书馆（藏书 4 万册），展示面积 5 万平方米，是意大利最大的科技博物馆。

◁ 达芬奇科学技术博物馆门前，入口在图的左侧，正面的
建筑是圣维托雷圣体教堂（San Vittore al Corpo）

▽ 达芬奇科学技术博物馆内的院子

△ 走道里放着一个巨大的热电发电机,名字叫做"玛格丽特女王"（Regina Margherita）。

　　博物馆周二至周五上午 9：30 至下午 5 点开放，周末 9：30 至下午 6：30 开放（夏天整体推后半小时），周一以及每年的元旦和 12 月 24、25 日闭馆。门票大人 10 欧元，25 岁以下的青少年和 65 岁以上的老人 7.5 欧元，3 岁以下小孩免费。

　　博物馆由主建筑（原修道院，中间夹着两个院子）、火车厅（Rail Building）、航空水运厅（Air and Water Building）、户外空间（Outdoor Spaces）组成。主建筑和航空水运厅均是地上两层、地下一层，其它厅只有一层。主要入口在主建筑的一层。

　　买了门票后，从主建筑一楼开始看起。这一层有图书馆、视听室、实验室、餐厅，还有纳米技术展区、机器人实验室等。

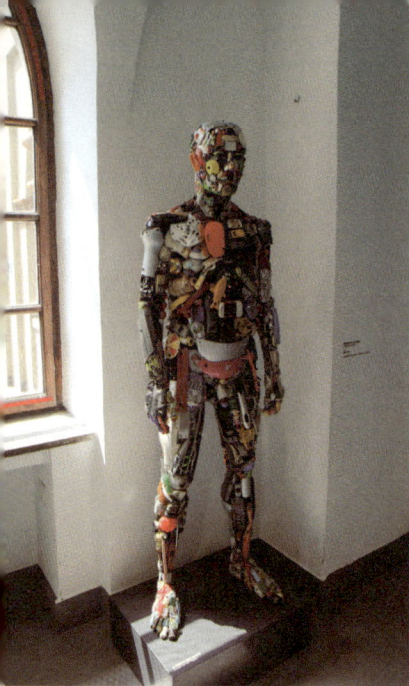

△ 机器人实验室，孩子们可以在这里亲自动手制作小机器人

▷ 楼道里站立着用工业垃圾制作的机器人

▽ 机器人实验室。里面的机器手臂正在利用一个达芬奇发明的重物提升机提升重物

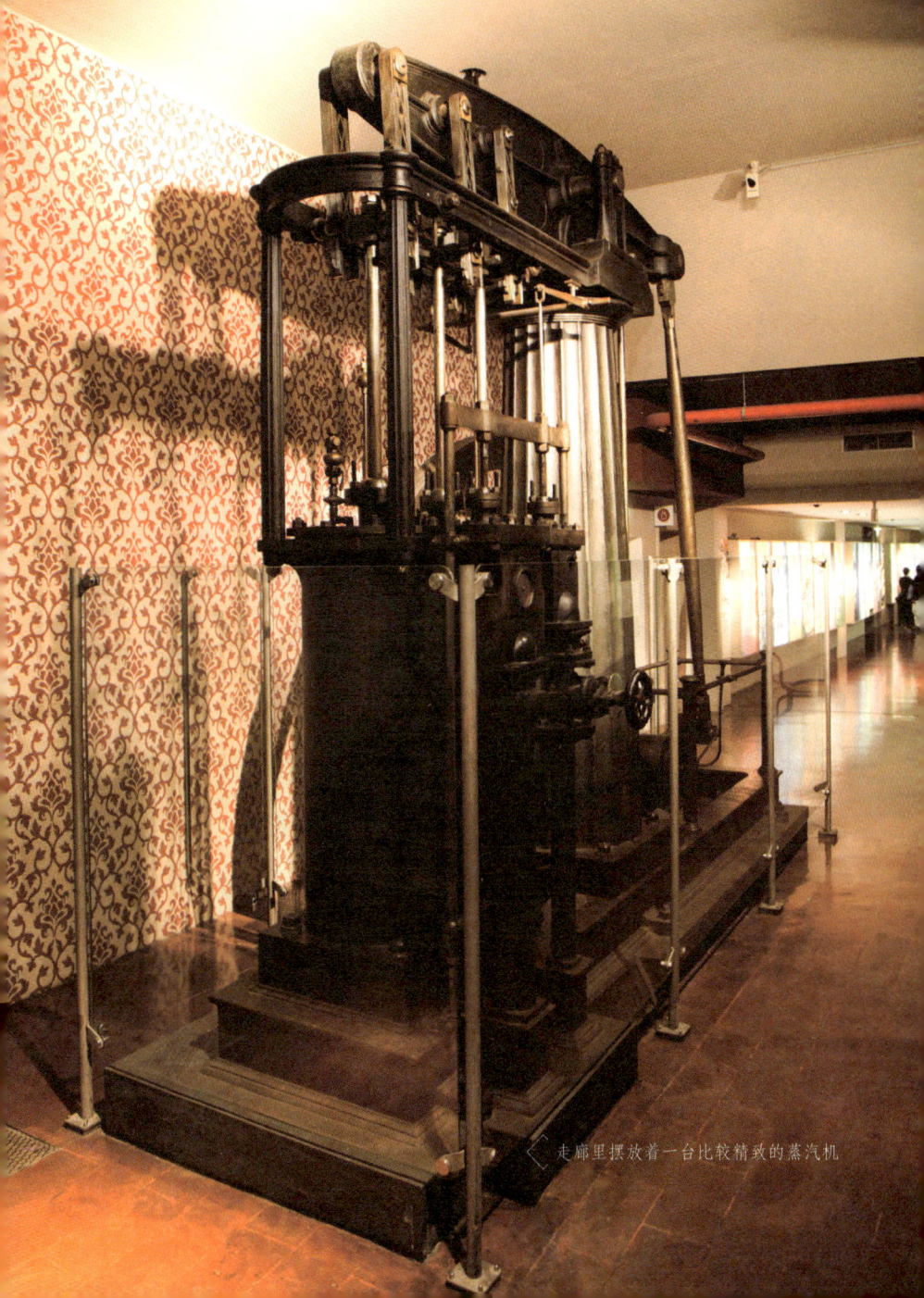

走廊里摆放着一台比较精致的蒸汽机

▷ 工业革命之前的水车、水轮模型。

△ 风车模型

▽ 人力踩踏提水车的复制模型

◁ 蒸汽发电机

◁ 墙上镶嵌着一台菲亚特汽车发动机（1940 年的产品）

▽ 蒸汽涡轮剖面

◁ 带飞轮的蒸汽机

▷ 1740 年之前的炼铁炉

▽ 轧钢机

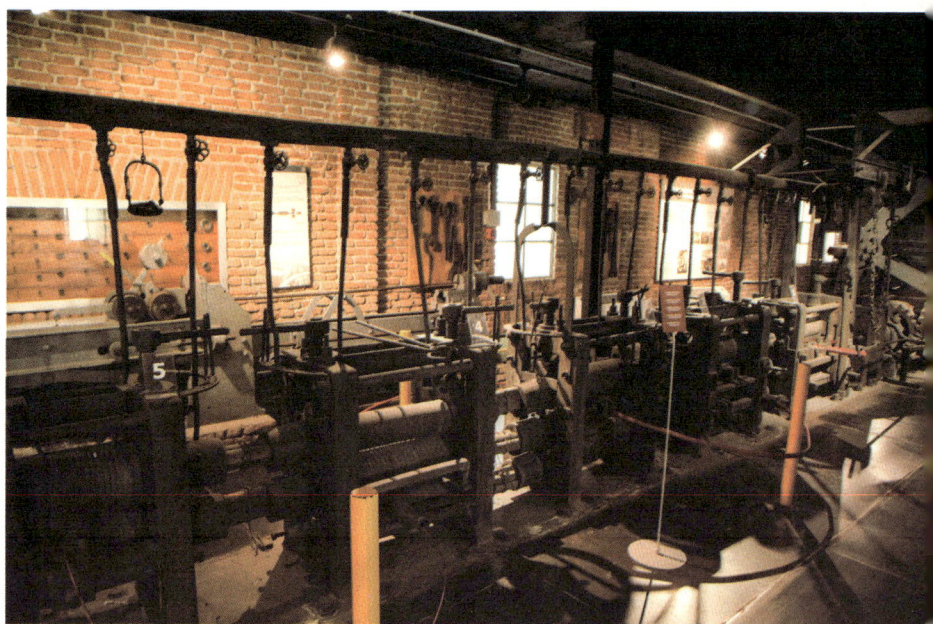

古老的水车

△ 巨大的动力传动设备

◁△ 铸造大钟的作坊　　◁▽ 在统一的动力机带动下作业的小机床，通过皮带，每个机床与墙上装配的动力轮相连。

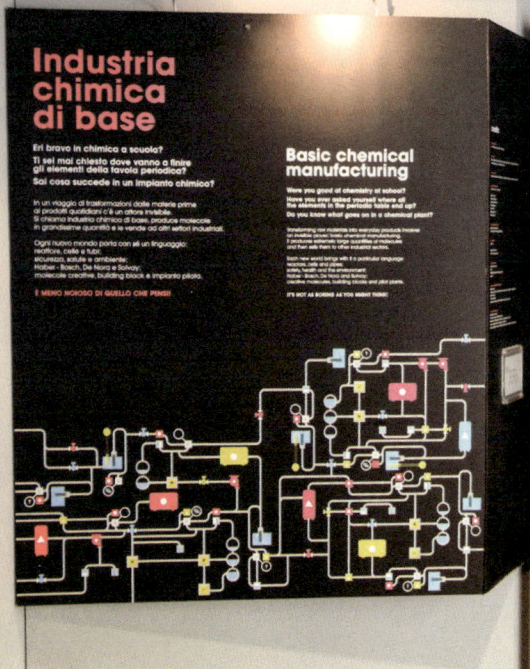

▷ 基础化工展区入口

▽ 包装工业

▽ 聚合材料区

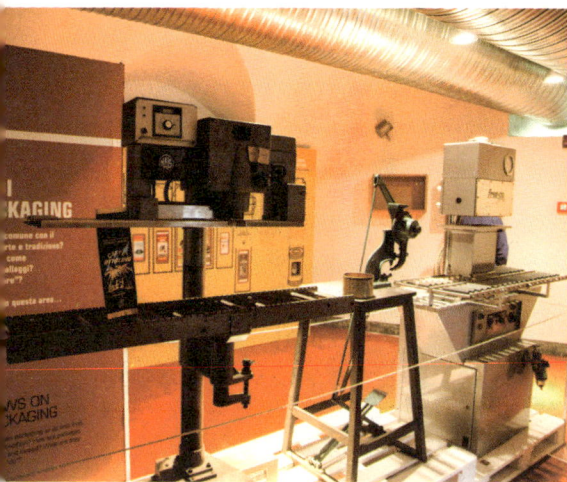

地上二层有电讯展区、列奥纳多·达芬奇展区、乐器展区、计算技术展区和计时器展区，这里的历史藏品更多更吸引人，其中达芬奇和马可尼特别值得关注。在电讯技术发展史上，意大利人马可尼（Guglielmo Marchese Marconi，1874-1937）扮演了重要的角色。1909年他因为发明无线电通讯而获得诺贝尔物理学奖，被誉为"无线电之父"。达芬奇不仅是天才的画家，而且也是天才的机械发明家。因为远远超出了他的时代，他的许多机械发明只是画出了草图，而未实际做出来。

1923年米兰的弗洛里（Erminio Donner Flori）架设的私家非专业电台。1924年罗马的第一家公共电台"意大利无线广播联盟"（Unione Radiofonica Italiana）开播，但信号微弱，达到不了意大利北部。1925年夏天，米兰的一群无线电爱好者开设了一个称为"零号邮局"的非法电台，以刺激在米兰尽快开办公共电台。他们的目的很快就达到了：1925年底，意大利无线广播联盟在米兰架设了第一个电台。

◁ 早期的麦克风

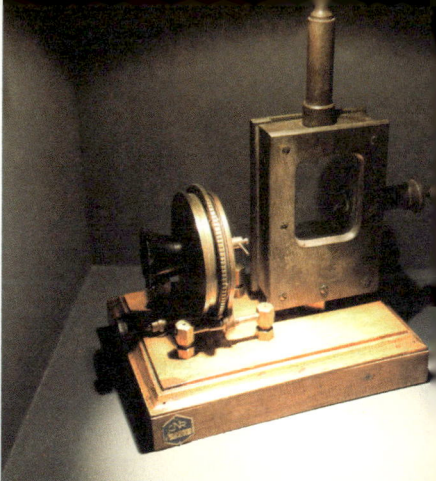

◁ 早期的麦克风

▽ 早期的播音室，有电唱机、录音机、麦克风和合成调制器。

△ 无线电信号模拟试验，观众们可以动手发射无线电信号，旁边的三个发射塔模型负责接收信号，当接受到信号的时候，它们顶端的灯就亮起。

▽ 不同年代的收音机

△ 不同材质对无线电信号的影响，哪种材料会屏蔽无线信号？中间有铝、塑料、木头、水、砖五种材质的隔板，当左边的信号发射器启动时，右边的接收器能够感受到信号的强度。这时提起一块隔板，看接受的信号有没有发生衰减。

◁ 手摇制造电磁信号的声音，看看不同的转动速度会造成什么频率的电磁信号。

◁ 无线电检测装置。观众可以按动发报机，观察里面的两个铜球之间是否有火花闪烁。

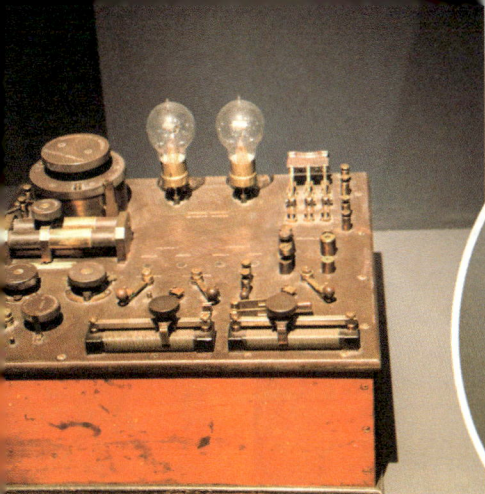

▷ 马可尼公司制造的专业检波装置。

▷ 莫尔斯发报机。

▷ 很多无线电检测装置都是互动展品。

◁ 1910 年马可尼无线电报公司使用的磁探测器

▽ 各式各样的电话机

◁ 1907 年马可尼无线电报公司使用的多频段接收装置

◁ 异步电报打印机，上为 1950 年产品，下为 1936 年产品。

◁ 各式各样的电话机

◁ 早期的电话机，听筒与话筒分离。　　▽ 键盘电报机

△ 自动电报机

◁ 收发报员的工作台。观众
可以尝试按动发报机按
钮，观察桌面上的红灯是
否亮起。

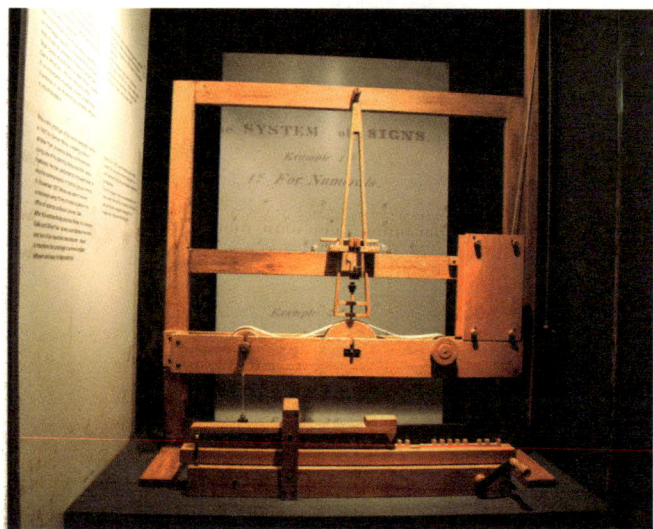

△ 达芬奇展区里展出的尺寸较大的各式机械模型

◁ 1835 年美国发明家莫尔斯（Samuel Morse）发明的电动电报机原型莫尔斯原本是一个画家，这个电报机原型利用了画家的画架。

◁ 打击金属片的锤子　　　　　　　◁ 磨镜面机

△ 用来挖隧道的挖掘机

▽ 古登堡发明的手动自动印刷机被达芬奇仔细研究过

△ 起重运载机   ▽ 织布机

◁ 投石机

▷ 手摇式计算机

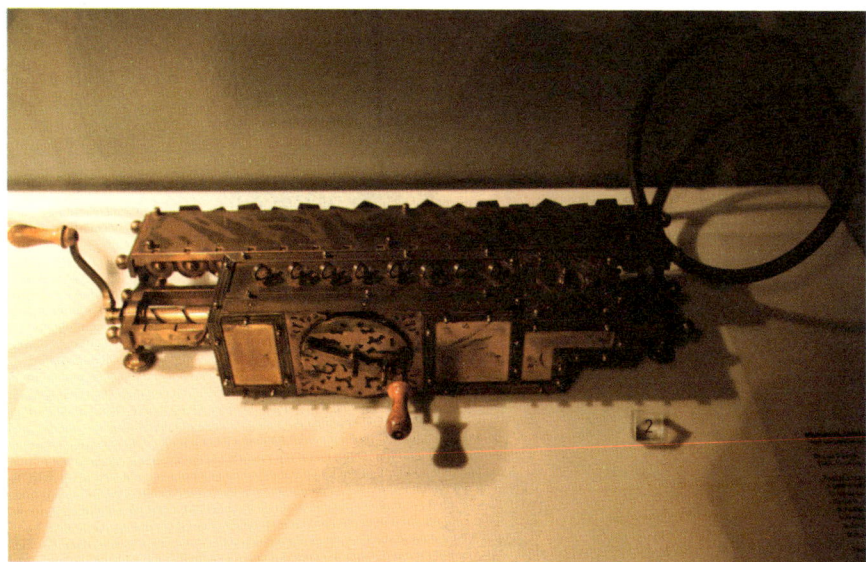

△ 1642 年帕斯卡计算机的复制品

▽ 会打铃的机械钟　　　　　　　　　▽ 按钮式计算机

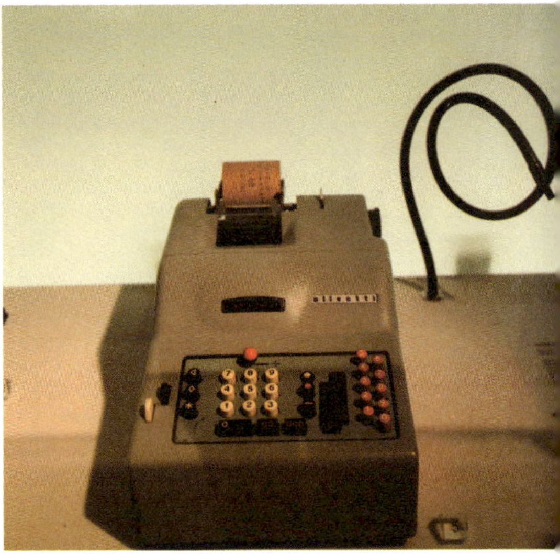

◁ 水平式擒纵器

◁ 天体仪，意大利学者、帕多瓦大学医学、哲学、数学和天文学教授乔万尼·唐迪（Giovanni Dondi, 约 1330-1388）于 1348-1364 年设计制造了这台天体仪。这个复制品是 1961-1963 年间由米兰的钟表匠人皮帕（Luigi Pippa）制造。

quadrante di Saturno
Saturn dial

quadrante della Luna
Moon dial
quadrante della linea dei nodi
line of nodes dial

教堂大钟的内部装置

△ 18 世纪钟表匠的工作台　　　▽ 提琴制造技术是意大利的独家秘技

小提琴作坊

◁ 竖琴和管风琴

看完了主建筑,出门来到火车厅。

△ 1914 年的蒸汽火车头　　　◁ 旧式马拉车车厢

△ 1923 年的蒸汽火车头

◁ 航空水运厅

△ 蒸汽动力引进之前的船舶模型

▽ 旧式战船的内部，装备着火炮。

△ 户外摆放的潜艇

△ 户外摆放的飞机

　　和曼彻斯特科工馆一样，米兰科技博物馆利用了古老的建筑，使其藏品与场所气氛融为一体。给人印象最深的是电讯展区，既有珍贵的原始电器，又有生动直观的互动展品，不愧是马可尼故乡的科技馆。

博洛尼亚大学
波基宫博物馆

MUSEO DI PALAZZO POGGI

博洛尼亚大学
波基宫博物馆
MUSEO DI PALAZZO POGGI

博洛尼亚大学是世界上最古老的大学。一般认为，其创建时间可以追溯到 1088 年。2014 年 4 月 24 号，我开车从米兰到佛罗伦萨正路过博洛尼亚，便临时决定访问一下这所最古老的大学及其博物馆。

博洛尼亚大学有 8 个自然科学类博物馆，分别是：地质学博物馆、矿物学博物馆、波基宫博物馆、植物园、草本与植物学博物馆、人类学博物馆、动物学博物馆和比较解剖学博物馆。时间有限，我只看了波基宫博物馆。

△ 博洛尼亚大学外景

波基宫博物馆（Museo di Palazzo Poggi）位于波基宫。波基宫始建于1549-1560年间，是为博洛尼亚贵族波基（Alessandro Poggi）及其兄弟、未来的红衣主教乔万尼·波基（Giovanni Poggi，1493-1556）所建的住所。

1711年，波基宫成了博洛尼亚科学研究所的驻地，各种实验室迁入（都在一楼），附近也陆续修建了天文塔（1726年）、图书馆（1744年）。这个科学研究所是一个雄心勃勃的文化计划的一部分，既从事科学研究，也从事科学教育，研究范围包括博物学、考古学、化学、物理学、天文学、解剖学、数学与理论力学等，被认为是欧洲的百科全书式科学研究中心。拿破仑时期，大学总部迁到这里，而这里的科学仪器和自然标本逐步散失到各院系。2000年秋天，博洛尼亚大学决定将这些散失的仪器和标本逐步收回，建筑物也按照 18 世纪的原样恢复，于是有了波基宫博物馆。目前博物馆共占据 15 个房间，每个房间相当于一个展区，其中第 1、2、3 号房间是博物学（Natural History）展区，第 4 号房间是临时展区，第 5、6、7 号房间是解剖学与产科展区，第 8、9、10 号房间是物理学与化学展区，第 12、13 号房间是军事建筑展区，第 11、15 号房间是地学和海洋科学展区，第 14 号房间是图书馆。

△ 波基宫博物馆门口

波基宫博物馆中套着阿尔德罗万迪博物馆，它占据第 1 号房间。阿尔德罗万迪（Ulisse Aldrovandi, 1522-1605）是 16 世纪最重要的博物学家，被认为是现代博物学的奠基人。他生前收集了 18000 个自然物品和 7000 件植物标本。1617 年，他的藏品单独建立了一个博物馆。1742 年，他的藏品博物馆整体移到了波基宫，成为科学研究所的一部分。19 世纪他的藏品大部分散失，1907 年部分被重新找回。

△ 阿尔德罗万迪的鱼类标本

阿尔德罗万迪半身像

◁ 马思利（Luigi Ferdinando Marsili, 1658-1730）半身像

　　马思利（Luigi Ferdinando Marsili, 1658-1730）是一位将军，又是一位热心科学研究的学者，是博洛尼亚科学研究所的创立者。他收集的博物学标本被集中放置在第 2 号房间。

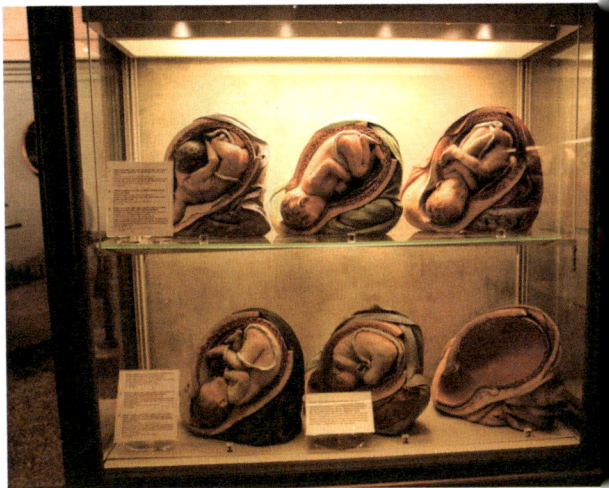

解剖学与产科展区中的胎儿模型

第3号房间是科学研究所的博物学标本收藏室，这里展示的是各式各样的螺。

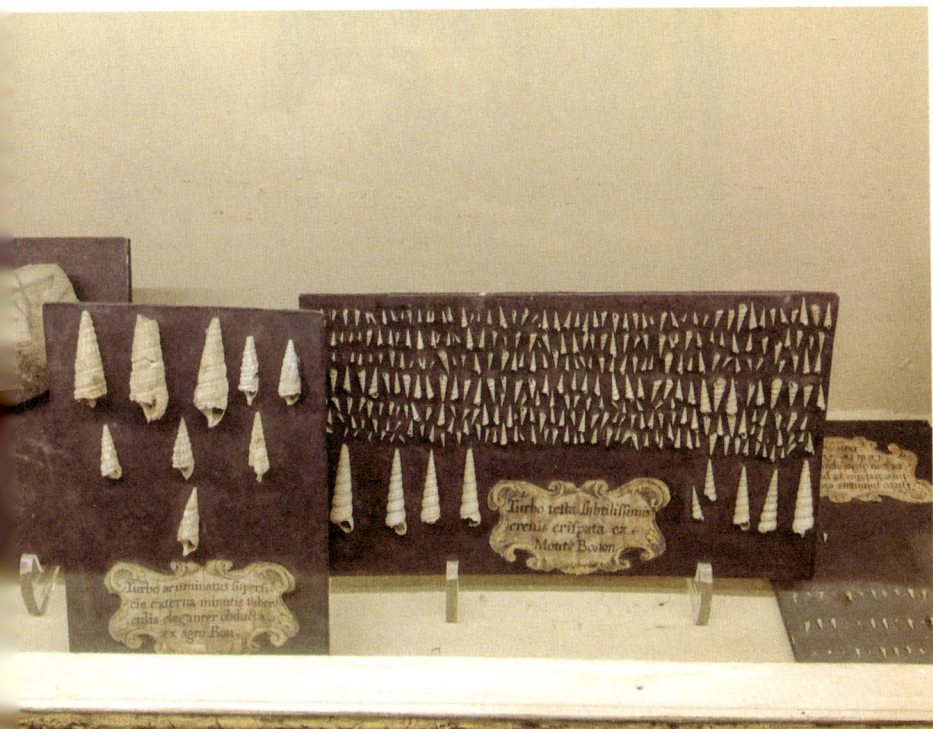

△ 伽伐尼（Luigi Galvani, 1737-1798）使用过的实验设备。墙上的巨幅油画（Antonio Muzzi，画于 1862 年），伽伐尼正在解剖一只青蛙。他的夫人露西娅（Lucia Galeazzi）当他的助手。每当手术刀划过蛙腿，蛙腿就筋挛抽动。伽伐尼错误地认为生物体本身带电，不知道这是不同金属接触带来的电流，而蛙腿在这里只起了验电器的作用。但他所引发的关于动物电的争论使更多的欧洲人关注这一现象，从而客观上推动了电学研究的发展。前面的展台上放置着莱顿瓶、起电机等当时的仪器。

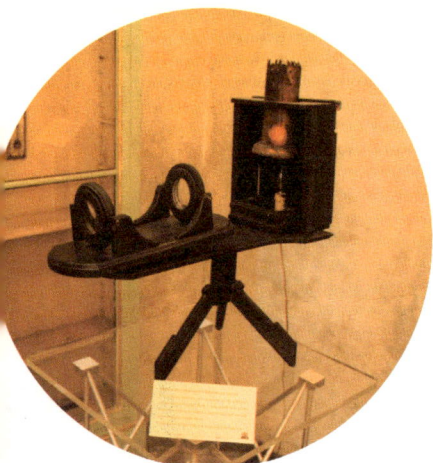

△ 光学仪器

◁ 伽伐尼画像

▽ 静电起电机，通过摩擦玻璃瓶而得到静电。

LUIGI GALVANI
1737 - 1798

ISAAC NEWTON
1643 - 1727

FRANCESCO ALGAROTTI
1712 - 1764

GIOV. DOMENICO CASSINI
ASTRONOMO   1625-1712

◁△ 卡西尼（Giovanni Domenico Cassini, 1625-1712）画像。卡西尼是 17 世纪著名的
意大利天文学家，后来加入法国籍，是巴黎天文台首任台长。

◁ 马尔比基（Marcello Malpighi, 1628-1694）雕像。马尔比基是博洛尼亚人，通过他
自己改进了的显微镜发现了毛细血管。这个雕像是塑料复制品，原件是 1897 年立于
他的出生地的青铜雕像。

◁ 太阳系仪　　◁ 日月地三球仪

per favore
NON TOCCARE

please

△ 显微镜

△ 城堡模型　　▽ 天球模型

◁ 城堡模型　　◁ 战场模型

◁ 大炮模型

◁ 图书馆

△ 图书馆内的天球仪

△ 图书馆内的地球仪

　　来到世界上最古老的大学，看到了近代博物学之父阿尔德罗万迪的藏品以及电学的重要开创者伽伐尼使用过的仪器，感觉很有收获。

佛罗伦萨伽利略博物馆

MUSEO GALILEO

佛罗伦萨伽利略博物馆
MUSEO GALILEO

伽利略博物馆（Museo Galileo）原名科学史研究所与科学史博物馆（Istituto e Museo di Storia della Scienza）。为了纪念伽利略《星际使者》发表 400 周年，2010 年 6 月 10 日，在经历了两年闭馆整修之后，改为现名并重新向公众开放。

　　伽利略博物馆收藏了大量珍贵的科学仪器，主要是美第奇家族和洛林大公（Lorraine Grand Dukes）的藏品（美第奇家族与洛林家族先后统治佛罗伦萨）。这些藏品最早安置在乌菲兹美术馆（Uffizi Gallery）的数学室，1775 年移往新建的物理学与博物学博物馆（Museo di Fisica e Storia Naturale，Museum of Physics and Natural History）。1929 年，首届意大

△ 伽利略博物馆外景

利科学史展在佛罗伦萨主办，突出了科学史藏品在意大利文化遗产中的重要地位。1930 年，佛罗伦萨大学建立了科学史研究所以及附属科学史博物馆。研究所位于今日博物馆所在地，与乌菲兹美术馆比邻的卡斯特拉尼宫（Palazzo Castellani），专门负责保存和展出美第奇家族和洛林王朝的科学仪器藏品。

伽利略博物馆每天上午 9:00 到下午 6：00 开放（周二下午 1 点关闭）。成人门票 9 欧元，6-18 岁以及 65 岁以上观众 5.5 欧元，6 岁以下孩子免费。

博物馆所在的卡斯特拉尼宫共三层，一层是前台和命名为"伽利略与时间的测量"的互动区，二层是美第奇藏品区，三层是洛林藏品区。博物馆为观众设计了一个单向的参观路线：买好票之后就直接上二层，看完二层看三层，看完三层再回到一层互动区，参观完互动区离开博物馆。

博物馆解说词中说，除了正式列入常规布展的藏品之外，博物馆仓库里还有数千件从 16 世纪到 20 世纪的科学仪器，这些藏品有时在走廊里的展柜中临时展出。

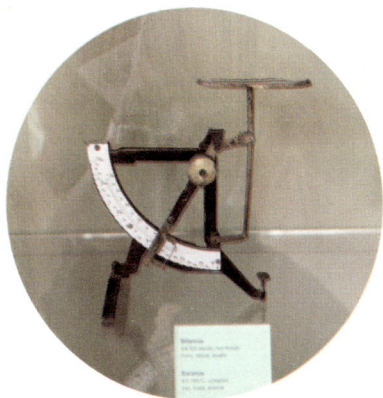

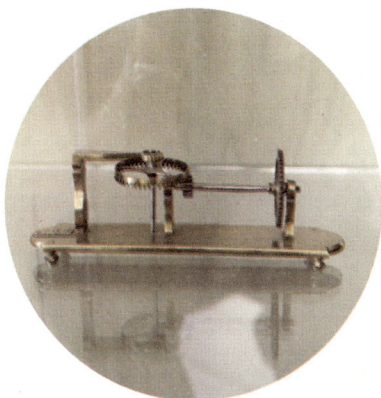

▷ 展柜中的弹簧秤

△ 展柜中的齿轮装置

◁ 美第奇家族使用过的枪支

Movimento e quadrante di
orologio
Ca. 1730, Italia centrale
Ottone, ferro

Clock movement and dial
Ca. 1730, Central Italy
Brass, iron

Orologio da parete
Ca. XVI secolo/Late figure
Ferro

Hanging clock
Ca. XVI century/Late figure
Brass

△ 约 1730 年意大利的机械钟（黄铜制和铁制）

▽ 16 世纪后期意大利的铁制挂钟

△ 约 1880 年巴黎的带天球的座钟，制作材料是黄铜、玻璃和纸。

▷ 约 1700 年英格兰的黄铜挂钟

▷ 18 世纪初年法国的铁制挂钟

▷ 18世纪和19世纪的望远镜

▽ 19世纪米兰的发报机，用黄铜、铁、胶木、木头制作。

二层的美第奇藏品区分为 9 个展厅。第 1 展厅名为"美第奇藏品"，第 2 展厅"天文与时间"，第 3、4 展厅"表现世界"，第 5 展厅"航海科学"，第 6 展厅"战争科学"，第 7 展厅"伽利略的新世界"，第 8 展厅"实验学社：实验的艺术与科学"，第 9 展厅"伽利略之后：探索物理与生命世界"。从托斯卡纳大公国的创立者科西莫一世（Cosimo l de' Medici, 1519-1574）开始收集这些藏品，历时近二百年。

▽ 伽利略的半身像（1840-1842 年制作）

◁ 列奥波多·美第奇（Leopoldo de' Medici, 1617-1675）半身像（19 世纪中期的作品），他是欧洲第一个科学社团"实验学社"（Accademia del Cimento）的创始人。

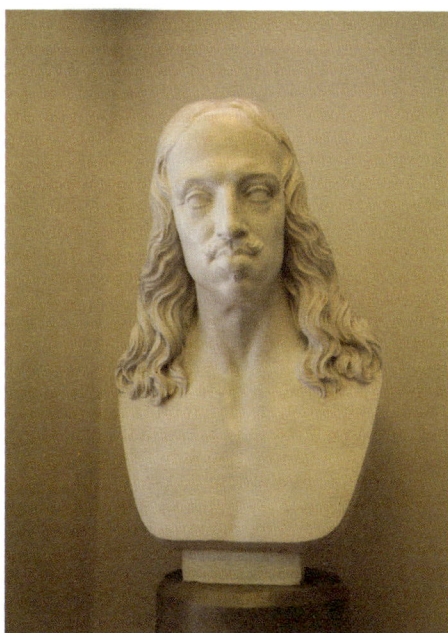

▷ 各式微型日晷、天球仪。　　▽ 各式星盘、沙漏、象限仪。

1667年意大利使用的象限仪

星盘

日晷、星盘与多面刻度盘。

1564 年的环状天球仪，用黄铜、青铜、水晶制作，直径 33 厘米。

▽ 1085 年威尼斯的天球仪，用黄铜与木头制作，直径 22 厘米。

◁ 亚里士多德式的行星仪（约 1600 年造于意大利）

△ 天文钟　　　　▽ 10 世纪的阿拉伯星盘

II　③　*Gli strumenti astronomici*　**Astronomical Instruments**　① **Astrolabio piano** Anonimo **fattura araba, sec. X**　② **Globo celeste** Ibrāhim 'Ibn Saīd as Sahlī Valencia, 1085

Accanto ai grandi strumenti da osserva-　Along with large instruments for observa-

1575 年的太阳轨道模型

托勒密式环状天球仪，1588-1593 年间制造。高 370 厘米，宽 245 厘米，由费迪南多二世为乌菲兹的宇宙志展厅所制造。

◁ 地球仪

△ 第 3 展厅的地球仪   ▽ 钟表

◁ 亚美利哥·维斯普齐（Amerigo Vespucci, 1454-1512）半身像（作于17-18世纪）。
这位意大利探险家、航海家、地理学家，最早意识到哥伦布发现的地方并不是印度，
而是一块新大陆，后来的历史学家和地理学家以他的名字来命名这块新大陆。

◁ 沙漏和钟表

△ 伽利略半身像（作于 1674-1677 年间）

▽ 伽利略望远镜的镜片。这块镜片已经裂为两半，被装在一个精美的托盘之中。

◁ 伽利略制造的望远镜，约制造于 1610 年（上）、1609 年底 -1610 年初（下）。

△ 伽利略的几何工具

▽ 伽利略的军用圆规

▽ 伽利略望远镜的拆解复制品

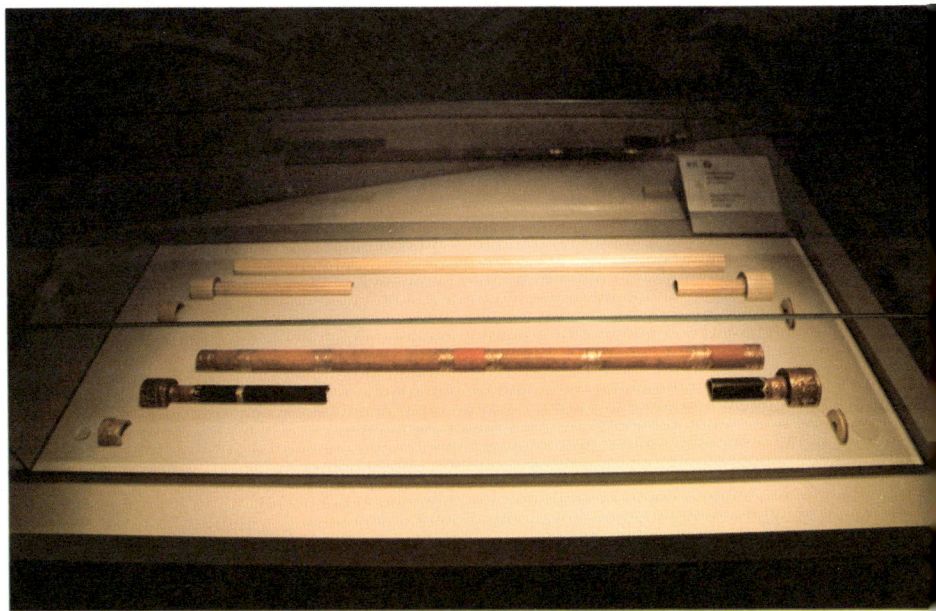

△ 包装了的天然磁石（约 1608 年）

▷ 伽利略式的组合显微镜（17 世纪下半叶的制品）

◁ 验温计（19世纪的复制品）

◁ 包装了的天然磁石（1610年代）

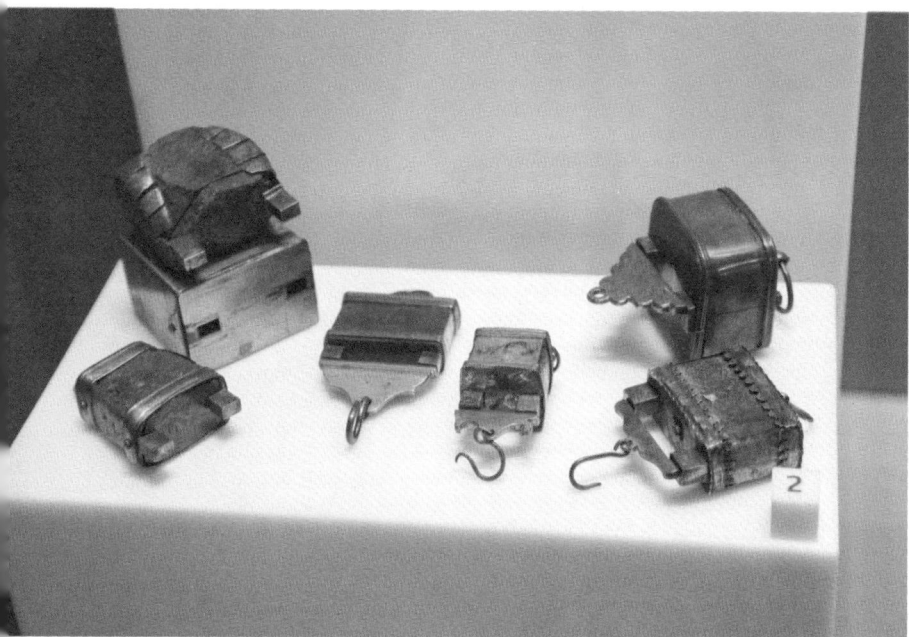

◁ 另一种样式的斜面实验装置，这里的斜面不是直的，而是环绕着的，因而可以有
比较大的斜面长度。

△ 18 世纪晚期演示抛物轨道的设备

▽ 靠墙的是演示最速降线的设备，长长的斜面是演示伽利略斜面实验的，上面按照平方倍数位置放置铃铛，滚球从顶端被释放之后，会在相等的时间间隔碰响铃铛。

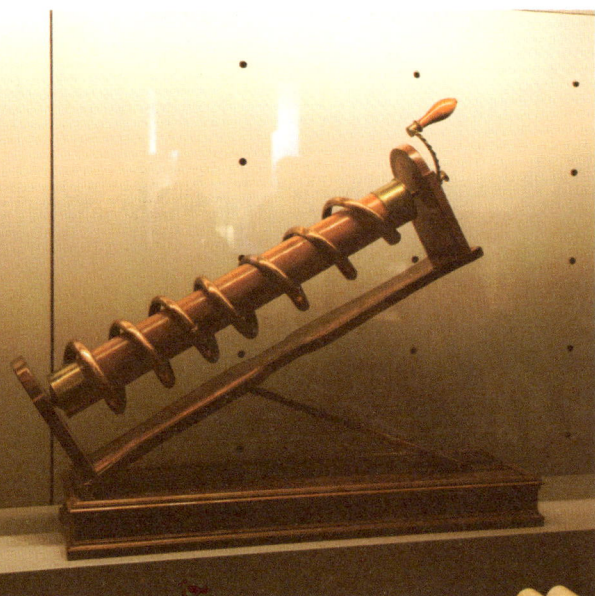

二阶杠杆（左）和一
阶杠杆（右），均为
18世纪后期制品。

阿基米德螺旋（18世
纪后半期）

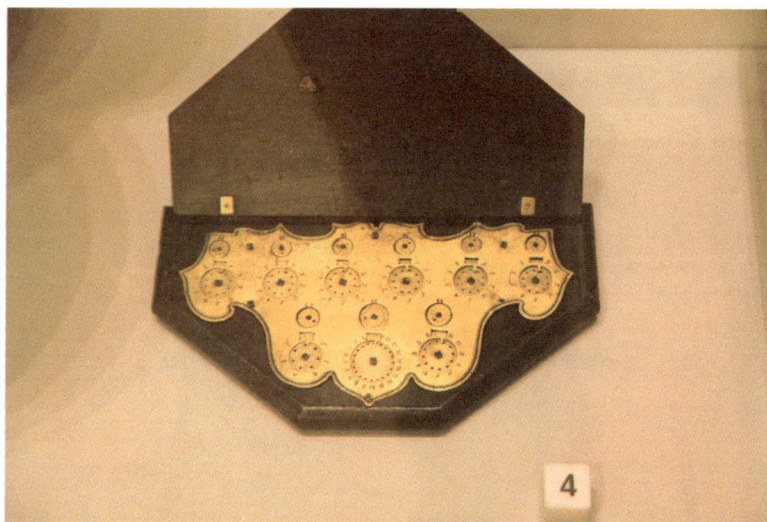

◁ 17 世纪前半期意大利制造的计算机器　　　▽ 1670 年伦敦制造的三角学机器

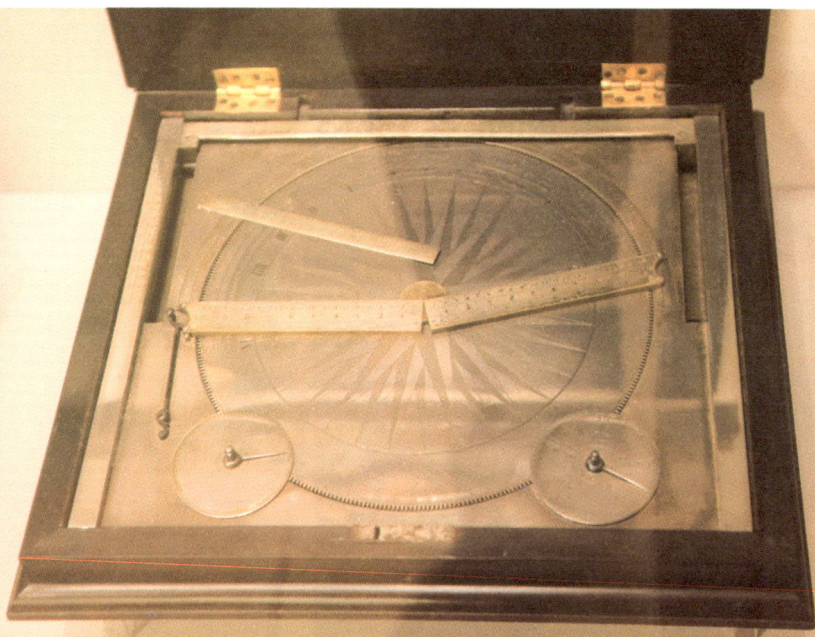

◁ 1664 年伦敦制作的计算机器

◁ 伽利略右手的中指骨（约 1737 年取出）

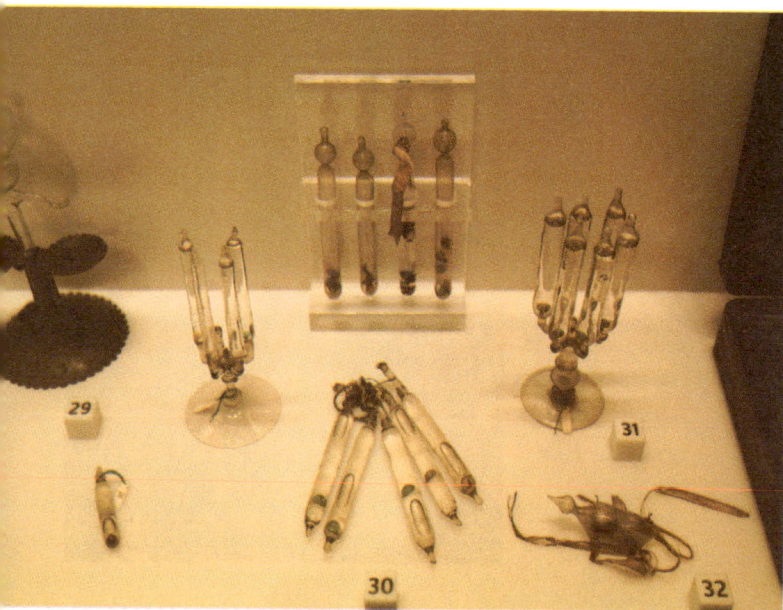

◁ 17 世纪中期佛罗伦萨制造的各种玻璃器皿：烧杯、杯子、试管。

▷ 18 世纪早期的虹吸管气压计

▽ 各式各样的望远镜

△ 17 世纪中期佛罗伦萨制造的温度计

△ 各式湿度计，左为绳索湿度计，右为纸带湿度计。

▽ 显微镜

△ 维维安尼（Vincenzo Viviani, 1622-1703）画像（画于 1806 年）。
他是托里拆利的学生，伽利略的弟子。

博物馆三楼是洛林藏品展区，也分 9 个展厅。其中第 10 展厅是"洛林藏品"，第 11 展厅是"科学奇观"，第 12、13 展厅是"教学与科学普及"，第 14 展厅是"精密仪器工业"，第 15、16 展厅是"测量自然现象"，第 17 展厅是"化学与科学的公共用处"，第 18 展厅是"家庭中的科学"。

△ 会写字的手（1764 年制造）

▷ 产钳使用模型

▷ 水压泵（1794年制造），用木头、黄铜、铁、皮革等为原材料，高132厘米。可以用于灌溉、从井里吸水或灭火。

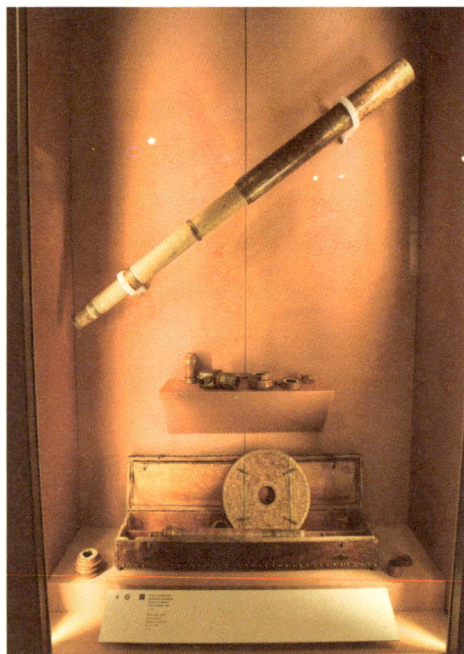

▷ 磨镜片车床（18世纪前半期佛罗伦萨制造）

◁ 望远镜及配件（1764年意大利制造）

各式真空泵

△ 科学奇观厅的真空泵　　　　▽ 各式光学仪器：显微镜、分光镜、光学成像仪。

△ 起电机（上、右）、太阳系仪（左）。　　▽ 螺旋导体

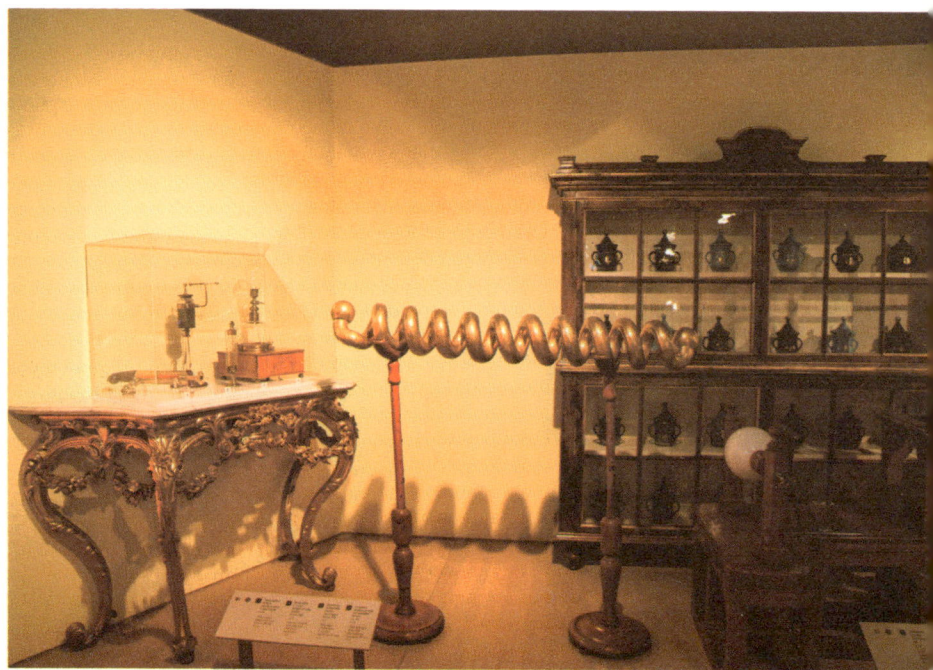

△ 法国诺莱发明的球状起电机（18世纪最后25年制造），右边的大轮子用皮带带动左边的白色球转动。

▽ 圆筒式起电机

◁ 电铃（左）、避雷针模型。

▽ 圆筒式起电机

▽ 18世纪后期制造的演示设备，表现奇异现象"滚上坡"。实则在上坡过程中，重心不断下降。这是
现代科技馆常见的互动展品。

◁ 圆筒式起电机

18世纪后期演示弹性碰撞和非弹性碰撞的设备

圆盘式起电机（1820-1850 年）

◇ 双摆演示振动的阻尼现象（18 世纪
后半期制造）

◇ 演示离心力实验的仪器（18 世纪
后半期制造），墙上写着法国物理
学家诺莱的话："没有仪器实验物
理学没法做"。

△ 牛顿摆

◁ 演示离心力使球变扁的设备（18世纪后半期制造），这也是现代科学中心常见的互动展品。

▽ 太阳系仪

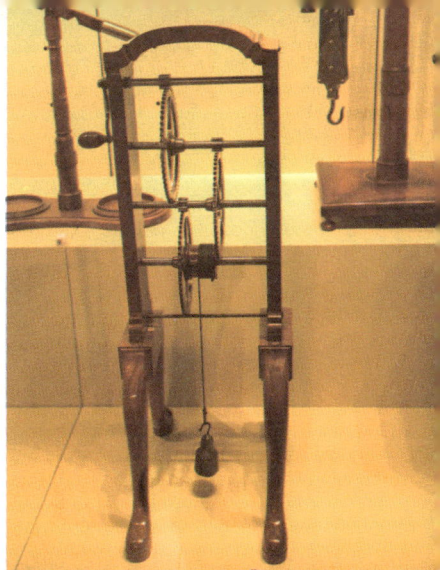

△ 齿轮组

◁ 滑轮组

▽ 阿基米德螺旋、空气泵。

◁ 望远镜　　　▽ 各式显微镜

XV

Misurare
naturali:
e la luce

Measuri
Phenom
Atmosph

气压计（左一、左二、右一）、纸盘湿
度计（左下）、空气泵（左三）。

△ 各种电学仪器　　▽ 起电机

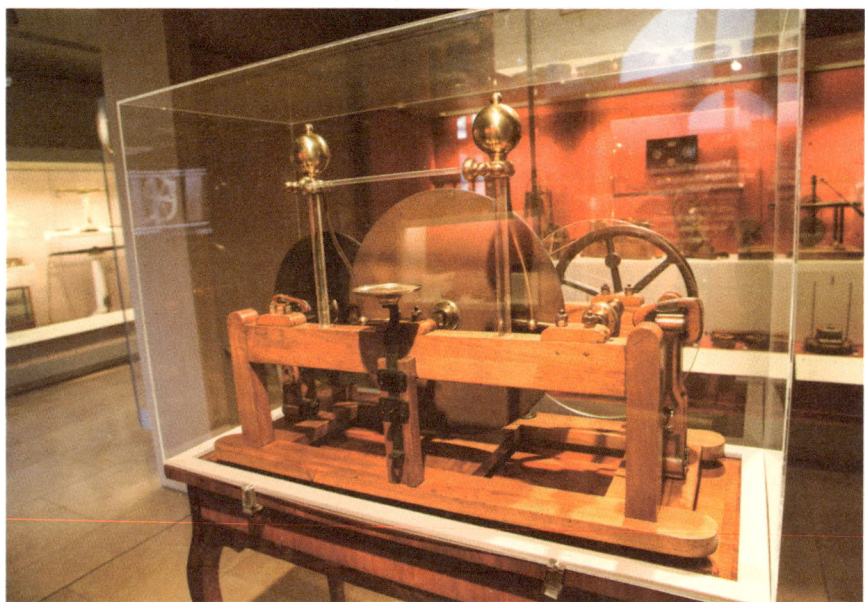

◁ 磁铁、磁针（上）与电流计（下）。

▽ 驯服火：化学实验室用具。

▷ 从哲学到药学，各式制药用具。

TABULA AFFINITATUM
INTER DIFFERENTES SUBSTANTIAS·

AGENDUM· AUT EXCOCITANDUM· SED VIDENDUM
QUID NATURA FERAT· AUT FACIAT

"Questi strumenti sono i soli
in grado di misurare i principi
delle sostanze naturali; perciò si
dovrebbero fare dai chimici il loro
uso rigoroso in tutte le esperienze."
Antoine-Laurent Lavoisier, 1786

"These instruments alone are
able to measure the principles of the
natural substances; hence chemists

◁ 天平

▷ 家庭中的科学：称体重的秤。

◁ 家用风扇

◁ 墙上是化学亲和性表，前面
　 放置的是一个大透镜。

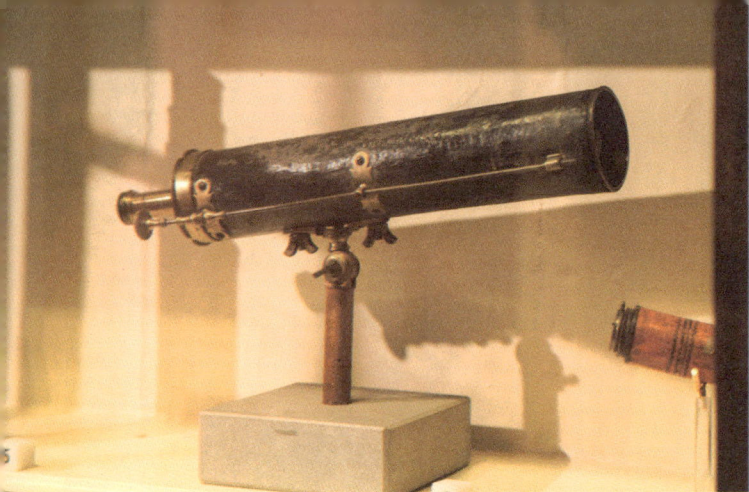

◁ 19 世纪伦敦的天文望远镜

▷ 莱顿瓶

◁ 家用望远镜、显微镜、温度计、气压计、湿度计、地球仪和天球仪。

△ 18 世纪晚期的塔式钟表装置（意大利中部制造），它拥有一个锚式擒纵器以及摆的校准器。

▽ 组合显微镜（左一）、地球仪（左二）、宇宙钟（右二）、手杖式望远镜（右一）。

▽ 医用起机电（左）、便携式药房（中）、针眼式眼镜（29）、水银式温度计（30）。

◁ 各式怀表

◁ 18 世纪早期的组合式显微镜

看完了三层的洛林家族藏品区，直接下到一楼的互动展品区。伽利略博物馆把伽利略发明的或使用过的仪器进行实物化，设计制造了不少独特的天文、力学和机械钟表的互动设备。整个展区被命名为"伽利略与时间的测量"，分为三个展厅：第一展厅是"物体运动：时间、距离与弹道"，第二展厅是"时间与空间"，第三展厅是"古代机械钟"。

▽ 演示托勒密体系的本轮 - 均轮模型

Il sistema di Tolomeo

Ptolemy's system

Nel sistema concepito da Claudio Tolomeo (II secolo d.C.) ciascun pianeta si muove con velocità costante su una piccola circonferenza (epiciclo), il cui centro scorre lungo una circonferenza maggiore (deferente) che circonda la Terra immobile.

According to Ptolemy (2nd century AD), each planet proceeds at constant velocity along a small circumference (epicycle), whose centre slides along a bigger circumference (deferent) surrounding the stationary Earth.

△ 托勒密体系演示装置下面的齿轮联接　　▽ 同心球模型下面复杂的齿轮联接

Il sistema
di Eudosso

Fedele all'idea che la Terra fosse immobile al centro
del cosmo, Eudosso di Cnido (IV secolo a.C.)
pensò che il moto di ciascun pianeta fosse regolato
da un sistema di sfere concentriche, imperniate
una dentro l'altra, in rotazione sui rispettivi assi.

Eudoxus's
system

Eudoxus of Cnidus (4th century BC) posited
a stationary Earth at the centre of the universe.
He believed that planetary motions were governed
by a system of concentric spheres, pivoting on
one another and rotating around their own axis.

scope is an observation instrument
consists of various combinations
s and mirrors.

lean telescope consists of a semi-
objective lens and a semi-concave
lens. It produces upright images.

plerian telescope consists of two bi-
lenses. It produces upside-down images.

wtonian telescope consists of a concave
as objective, a secondary plane mirror
bi-convex ocular lens.
duces upside-down images.

欧多克斯的同心球模型

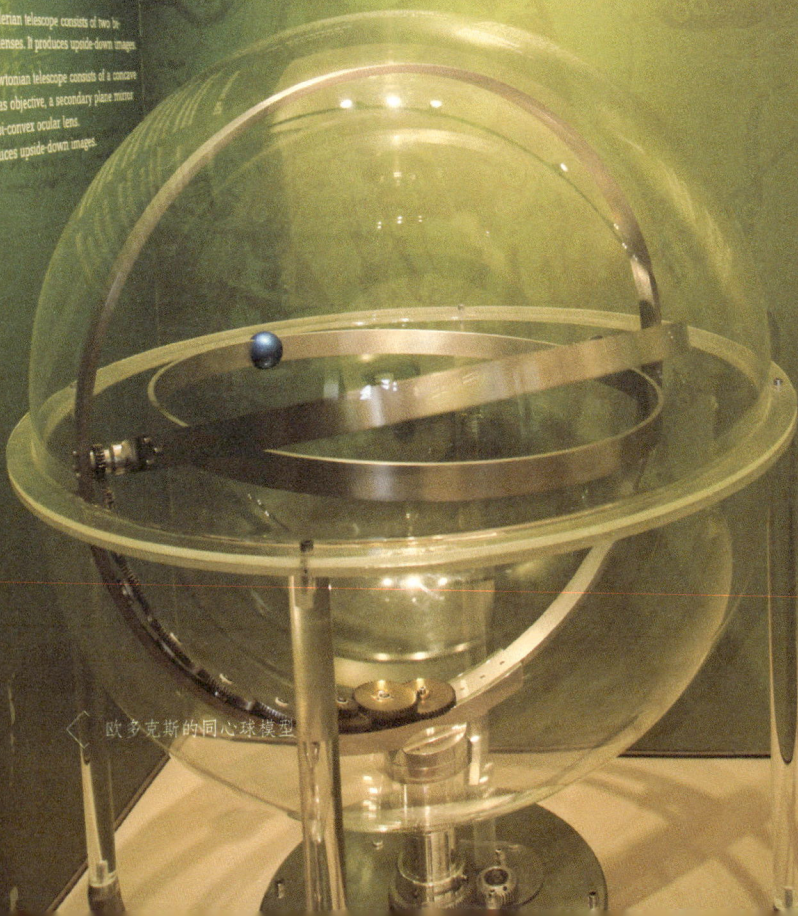

△ 斜面实验　　　▽ 最速降线实验

△ 用现代精密制造技术制作的三维太阳系仪（局部）。

▽ 带擒纵器的单摆模型，可以验证伽利略发现的摆的
等时性原理。

▷ 原始的用重锤做动力的机械钟模型

△ 18世纪钟塔上安装的带铃和刻度盘的机械
钟，有锚式擒纵器和摆调节器，由意大利
著名制钟匠 Bartolomeo Ferracina（1692-
1777）制作。

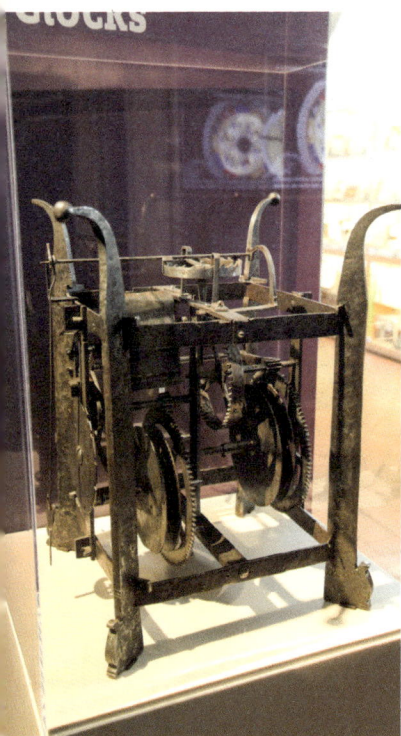

◁ 18世纪后期意大利钟塔上的机械钟，用铁和黄铜制作。

◁ 这是1510年一座行星钟的忠实复制品（洛伦佐·美第奇委托）的复制品（1994年），钟面可以同时看到水星、金星、火星、木星和土星的运动，以及月亮相位、太阳的平均运动及真实位置。

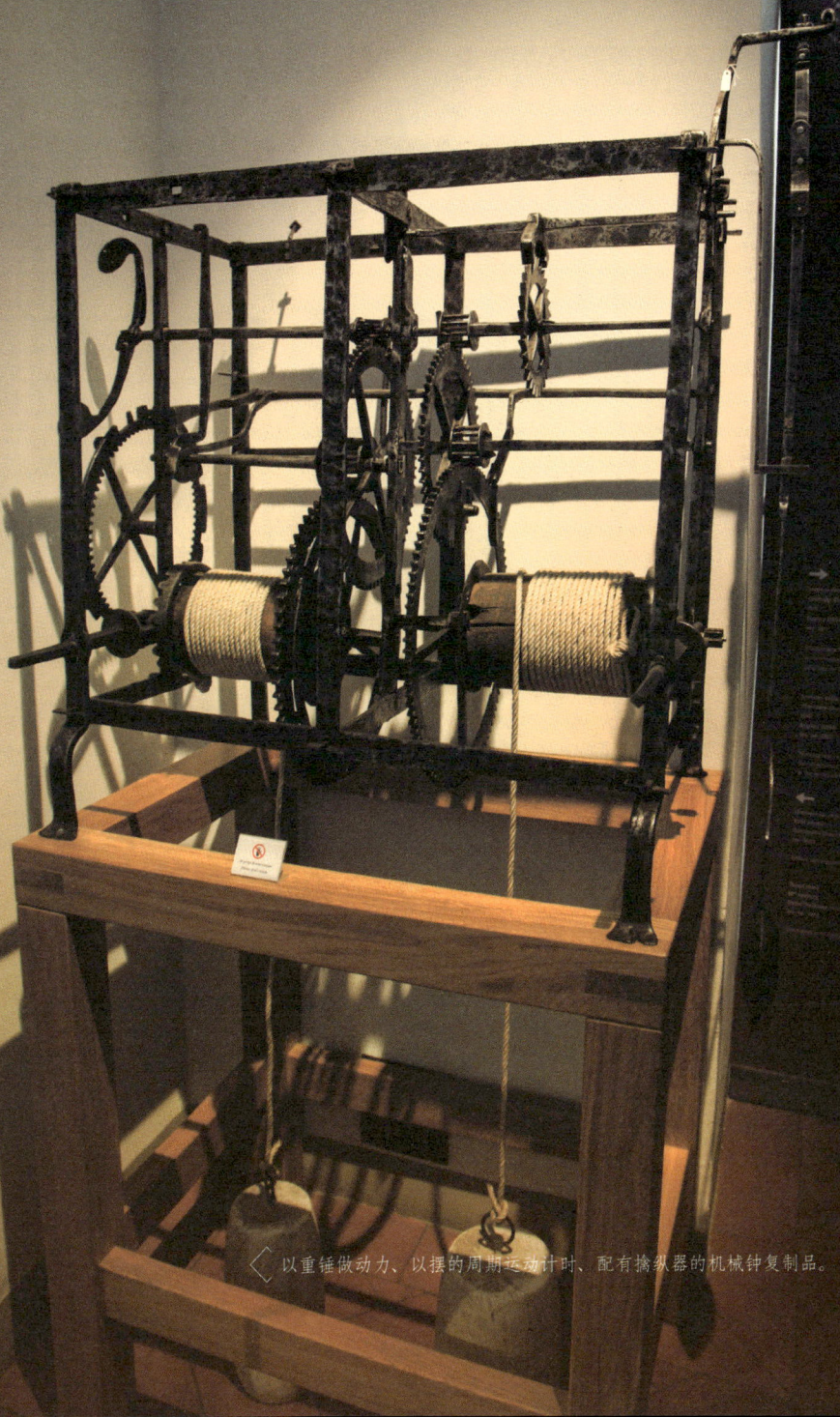

以重锤做动力、以摆的周期运动计时、配有擒纵器的机械钟复制品。

△ 机械钟的齿轮联动系统

△ 伽利略博物馆门外广场上的日晷，也是博物馆关于计时主题的一个互动展品。

　　在博物馆逗留了一上午，为这些珍贵而又精美的科学仪器而倾倒。它的互动产品也体现了这家博物馆的皇家气质，精巧、精美。中国的游客来到佛罗伦萨一般会去参观乌菲兹美术馆，如果错过了与之比邻的伽利略博物馆那就太遗憾了。

芬奇镇列奥纳多博物馆

MUSEO LEONARDIANO

芬奇镇列奥纳多博物馆
MUSEO LEONARDIANO

　　离开佛罗伦萨前往比萨，路经达芬奇的故乡芬奇。达芬奇的中文译名很古怪、有误导性，因为他既不姓达，也不叫芬奇。他的意大利文名字是 Leonardo Da Vinci，意思是"来自芬奇的列奥纳多"（Leonardo from Vinci）。芬奇是一个小镇，是列奥纳多的出生地，而"达"只是介词。中国人过去也有在自己的名字后面加上自己家乡的，比如袁世凯是河南项城人，所以人称袁项城。要是照着达芬奇的命名方式，袁世凯就得叫"达项城"了。按这个翻译法，这个小镇出生的所有人都叫"达芬奇"。不过，这也不全是中国人的翻译造成的。事实上在西方文献中，他的名字就经常被简写成 Da Vinci。

△ 列奥纳多博物馆外景

　　达芬奇（1452-1519）以他的绘画天才而闻名于世。他的油画《蒙娜莉莎》是法国卢浮宫的三大镇馆之宝之一，壁画《最后的晚餐》被认为是文艺复兴艺术创造的最伟大成就。不仅如此，他还是天才的科学家、发明家、工程师。在他留存下来的约 6 千张的手稿里，记录了他关于数学、光学、天文学、生理学、解剖学、地质学、机械力学、水力学、气体力学、建筑学的奇思妙想。在他的手稿中，充满了跳跃性，常常是图文并茂，既有深刻的构思，又有精巧的绘图。人们根据他的手稿复原制造了不少机械，构成了一个达芬奇机械发明系列。在世界各地以达芬奇命名的博物馆里，包括我们刚刚去过的米兰国家列奥纳多科技博物馆，都有主展这个机械发明系列的展厅。在他的家乡芬奇，列奥纳多博物馆（Museo Leonardiano，Leonardo Museum）也主展这些机械发明。

　　列奥纳多博物馆位于芬奇镇北边的一个南北走向的狭窄高地上，共有两个并非紧邻的建筑物，一个叫做乌齐利楼（Palazzina Uzielli），另一个叫做康迪·贵迪城堡（Conti Guidi Castle）。博物馆创立于1953年。这一年，IBM向芬奇市政府捐赠了一系列达芬奇发明的机械模型，成为博物馆的第一批藏品。博物馆每天都开放。其中3-10月开放时间是9:30-7：00，11-2月开放时间是9：30-6：00，12月25-1月1日开放时间是3：00-7：00。凭票入场，成人8欧元。

　　从乌齐利楼开始买票参观。这个楼只有一层展区，主要展示达芬奇的建筑机械、纺织技术以及机械钟表。

▽ 起重机

Gra girevole

Gra girevole contr

转动式起重机

◁ 带平衡重物的转动式吊车

◁ 长杆起重机。绞盘上的绳索水平拉动
  带轮子的底部，可以把又长又重的长
  杆竖立起来。

▽ 带大型支架的螺旋转动式起重机

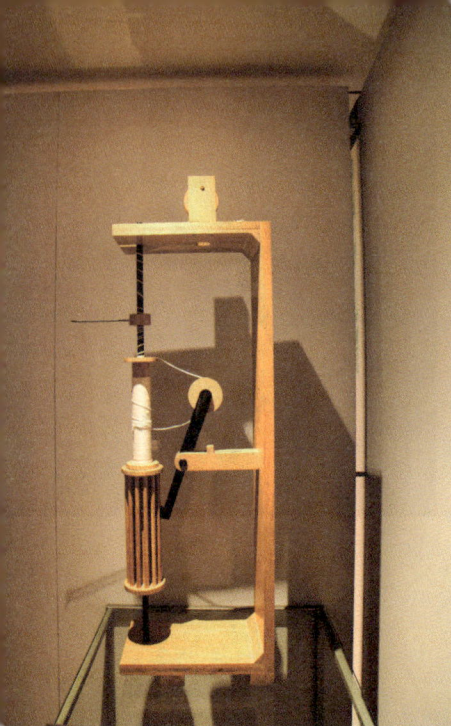

◁ 纺纱机

◁ 纺纱轮

◁ 缠线机

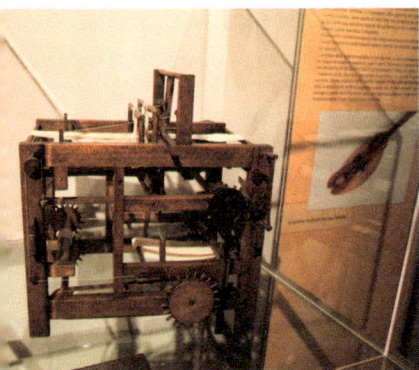

◁ 自动织布机

◁ 自动锻金机

▽ 天文时钟，有分钟、小时和月相三个表盘。

看完了乌齐利楼，再看城堡。这座中世纪的城堡共有三层。第一层有四个展厅，分别是"建筑与民用工程"展厅、"军事机械"展厅、"飞行"展厅、"机械与工具"展厅。第二层有三个展室，分别是"自行车"展室、"光学展室"、"水展室"。第三层是一个阁楼，也是一个视听室，里面悬挂着许多达芬奇绘制的立体模型，观众可以看一个关于达芬奇生平的小电影。

△ 手动曲柄驱动的桨船

◁ 大炮的铸造模具　　　◁▷ 青铜熔炼炉

◁ 蒸汽大炮　　◁ 多筒装机枪

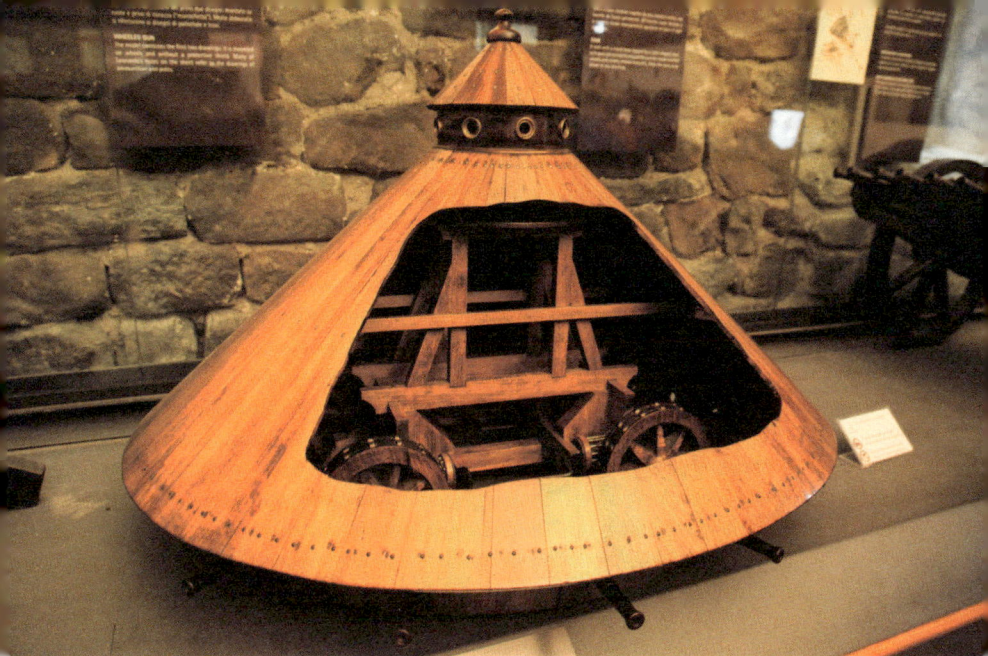

△ 像龟壳的坦克，内部有8个人驱动齿轮使坦克前进。

▽ 快速搭桥

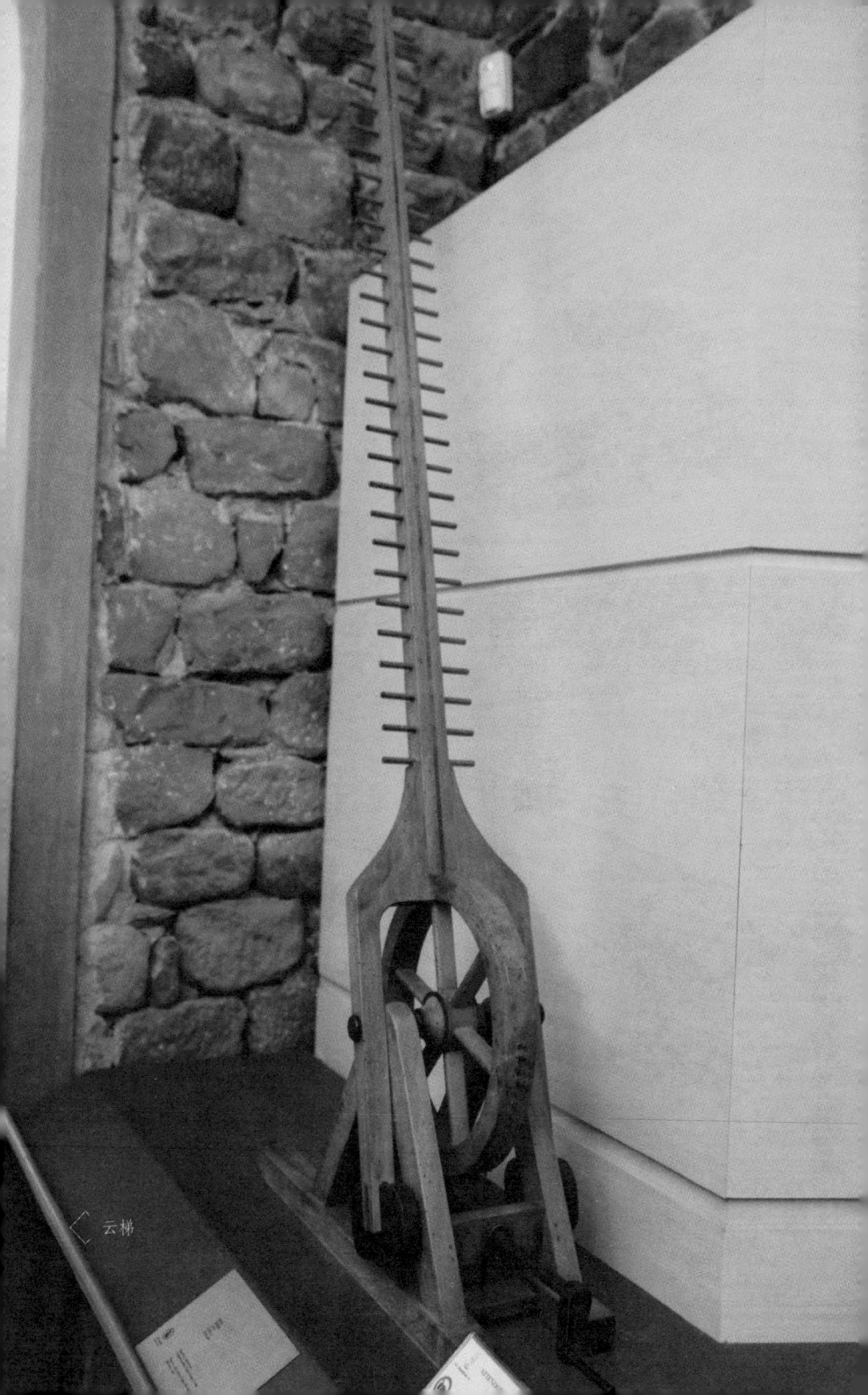

云梯

◁ 飞行展厅屋顶上挂着达芬奇设计的飞行器

◁ 可以提起重物的滑轮组

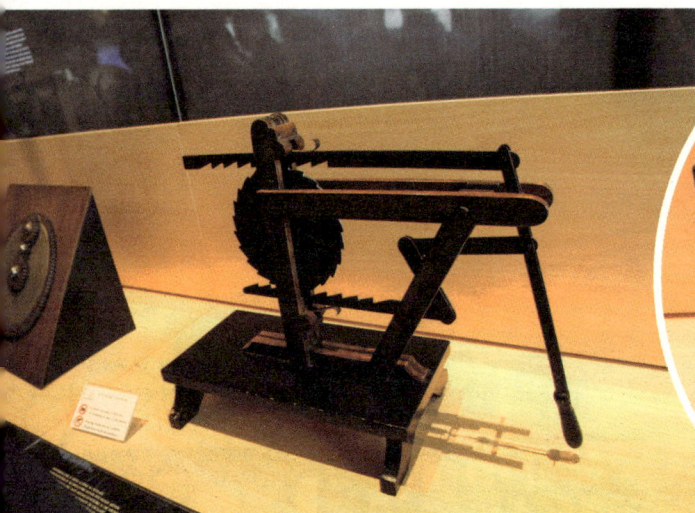

将往复运动转换为旋转运动

齿轮变速器

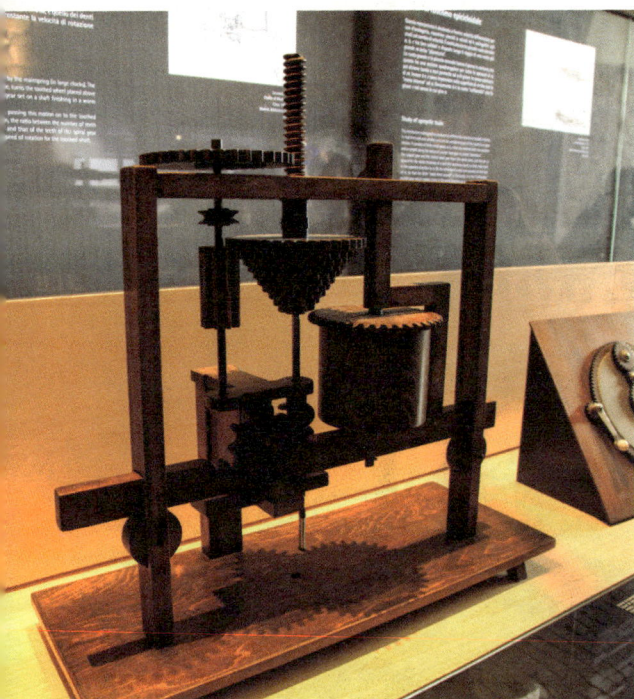

◁ 速度计（测量水流或风的速度）

◁ 螺旋式榨油机

◁ 牵引装置

◁ 自行车

二层中央一个大型的起重机模型，模拟为佛罗伦萨圣母大教堂的圆顶运送石材。

△ 以发条做动力的三轮小车

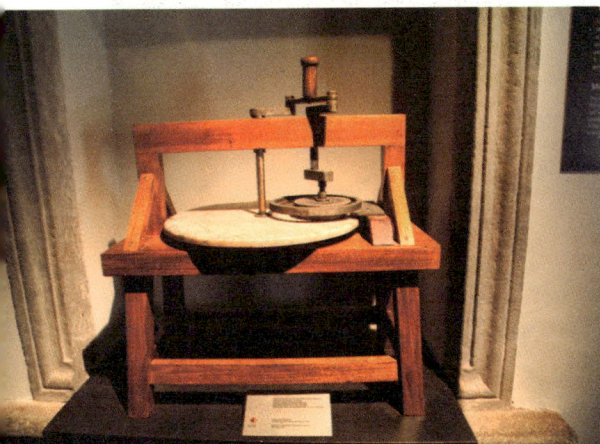

◁ 磨镜片机

▷ 展示透视法的装置。观众从前面挡板的小孔中看出去，框架中的环状天球仪正好与后方更大的天球仪重叠。

▽ 轮式桨船模型，通过曲轴摇动而且带飞轮。

◁ 水力驱动的锯

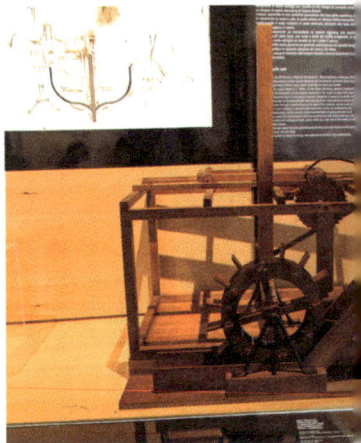

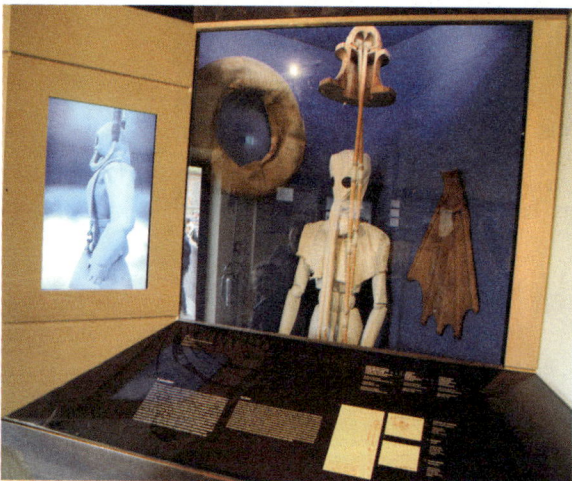

△ 三楼的视听室，高
处悬挂着达芬奇最
喜欢的几种立体。

◁ 潜水服

　　看完列奥纳多博物馆，可以凭博物馆的门票去参观达芬奇的出
生地故居，但他的出生地离此处3公里，没有汽车的游客很难过去，
因为两地之间没有公共交通。自驾车在这时就显出了巨大的优越性。

[33] 1956 Olivetti Divisumma 24

比萨大学计算仪器博物馆

MUSEO DEGLI STRUMENTI
PER IL CALCOLO

比萨大学计算仪器博物馆

MUSEO DEGLI STRUMENTI PER IL CALCOLO

　　比萨有著名的比萨斜塔，因而是中国游客经常光顾的旅游景点，但是这里也是近代物理学之父伽利略的出生地，热爱科学以及崇敬伽利略的人们应该去瞻仰一下伽利略故居。不过很可惜，很少有中国人知道伽利略故居的准确地址。在网上搜索到的少数几篇文章，都把离斜塔不远的"伽利略之家"（一家以研究伽利略为目标的学会组织，下属有图书馆、档案馆和科学仪器收藏）图书馆当成了伽利略故居。我此行除了找到了伽利略故居外（拜访故居的故事以后单独再写），还参观了比萨大学所属的计算仪器博物馆（Museo degli strumenti per il calcolo）。

△ 比萨大学计算仪器博物馆外景

　　计算仪器博物馆之所以引起我的注意，是因为"伽利略之家"曾经收藏的一些电磁学装置（原来属于意大利著名物理学家安东尼·帕齐诺蒂）现在就放在这个博物馆。事实上，这个博物馆正好由两个展厅组成，一个展厅是"安东尼·帕齐诺蒂发电机"，另一个是"计算机"。

　　安东尼·帕齐诺蒂（Antonio Pacinotti，1841-1912）是意大利 19 世纪著名的物理学家、比萨大学的物理学教授，1860 年发明了一款改良的直流发电机，而且发现该发电机也可以被用作电动机。

　　我一大早就去了博物馆。只有我一个观众，似乎也不需要办理票务，展品不太多，我走马观花地看了一下。

◁ 另一个手摇发电机

◁ 帕齐诺蒂的手摇发电机（2007 年复制）

◁ 帕齐诺蒂的去世之后制作的面具和手模

◁ 当年发电机中的转子铁芯绕组

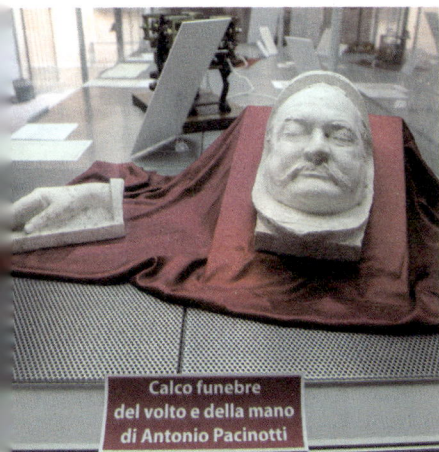

Calco funebre
del volto e della mano
di Antonio Pacinotti

西摩尔·克雷（Seymour Cray）1976 年设计的超级计算机 CRAY-1 模型。上面的标牌上写着："请不要坐，我不是沙发，我是超级计算机"。

◁ 计算尺　　　▽ 1865 年的四则运算器

1865 Arithmomètre Thomas de Colmar

[05] 1892 Brunsviga B

△ 1892 年的手摇式计算器

▽ 1911 年的计算器

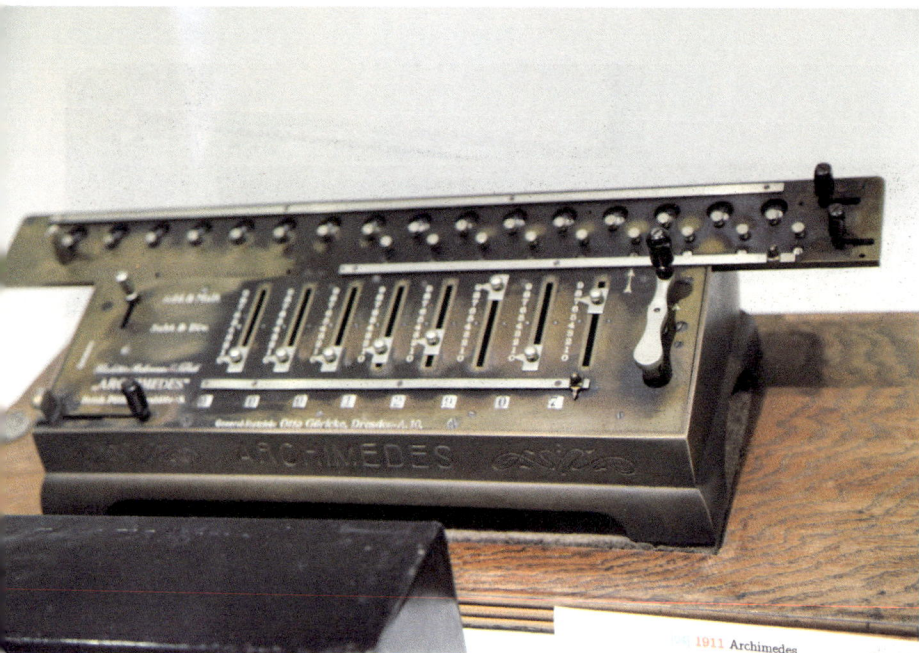

1911 Archimedes

1907 年的计算器   1910 年的手摇式计算器

1912 年的手摇式计算器   1913 年的计算器

[06] 1912 T

[13] 1913 Marchant Pony A

△ 1921 年的计算器　　　▽ 1892 年（左）和 1914 年（右）的计算器

[52] Hewlett-Packard 9100

◁ 1968 年的惠普计算器

◁ 1935 年的计算器

[22] 1935 Monroe Executive LN-160X

◁△ 1956 年（左与中）、1961 年（右）的计算器。

◁▽ 1958 年（左）、1956 年（右）的计算器。

◁△ 1967 年的计算器

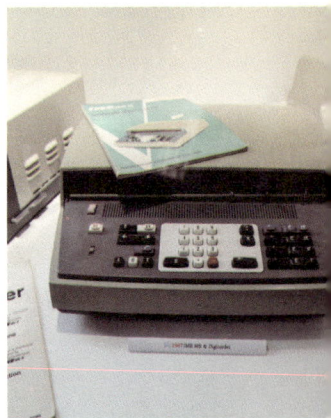

- ◁ 1975 年 IBM 的个人计算机
- ◁ 1979 年的惠普个人计算机
- ◁ 1977 年苹果 II 型个人计算机
- ▽ 1980 年苹果 III 型个人计算机

◁ 1981 年的 Osborne 便携式个人计算机

▷ 1981 年的 IBM 个人机，拥有独立的键盘、显示器。我于
1991 年购置的第一台电脑就是这个型号。

▽ 1983 年的 Monroe OC8820 个人机

◁△ 1989 年的 IBM PS/2 P70 型个人机

◁▽ 1989 年的苹果便携式个人机

◁◁ 1983 年的苹果 lisa 型个人机

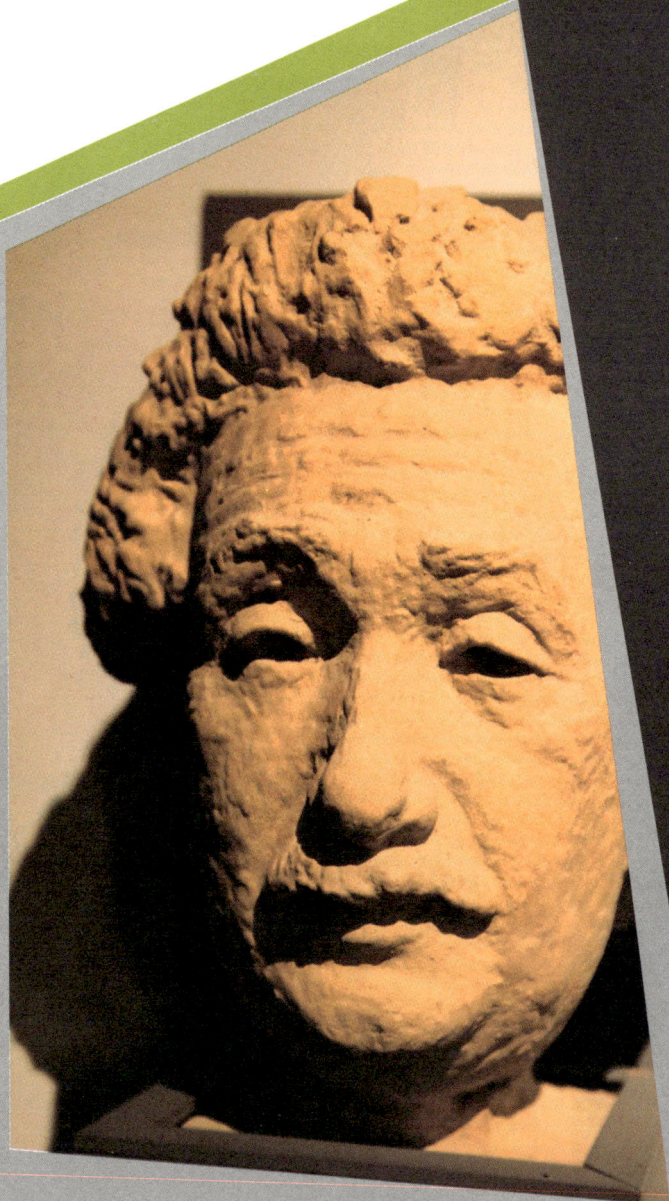

瑞士伯尔尼
爱因斯坦博物馆
EINSTEIN MUSEUM

瑞士伯尔尼
爱因斯坦博物馆
EINSTEIN MUSEUM

　　爱因斯坦博物馆（Einstein Museum）位于瑞士伯尔尼的伯尔尼历史博物馆（Bernisches Historisches Museum，Bern Historical Museum）内。

　　1905 年，正在伯尔尼专利局工作的爱因斯坦连续发表了 5 篇学术论文，分别是：《分子大小的新测定》（博士论文）、《热的分子运动论所要求的静止液体中悬浮小粒子的运动》（关于布朗运动）、《论动体的电动力学》（关于狭义相对论）、《物体的惯性同它所含的能量有关吗？》（关于 $E=mc^2$）以及《关于光的产生和转化的一个试探性观点》（关于光量子假说）。这 5 篇论文后来均成了物

△ 爱因斯坦博物馆所在的伯尔尼历史博物馆外景

理学史上的划时代作品，1905 年因而被称为爱因斯坦奇迹年（annus mirabilis）。为了纪念爱因斯坦奇迹年 100 周年，联合国大会把 2005 年确定为世界物理年。作为世界物理年的一项重要活动，伯尔尼历史博物馆举办了"相对论 100 年"临时展览。由于参观者众多，博物馆决定将临时展览再做精选，办成常设展馆。2007 年 2 月 1 日，常展馆以"爱因斯坦博物馆"为名正式开放。博物馆每周二 - 周日上午 10 点 - 下午 5 点开放（周一闭馆），门票成人 18 瑞士法郎，6-16 岁青年儿童 8 瑞士法郎。

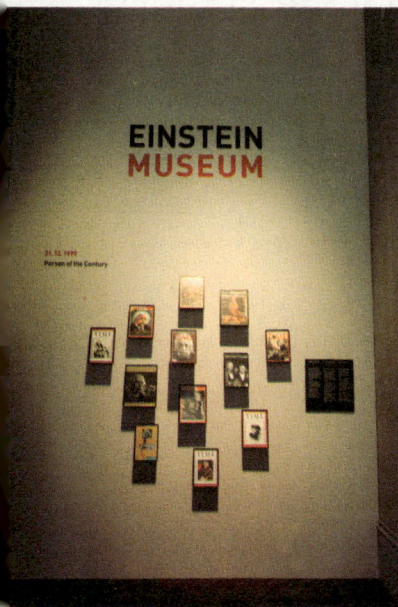

◁△ 爱因斯坦博物馆位于历史博物馆的二层，镜面装饰的楼梯层可以见到巨幅的爱因斯坦照片。

◁ 入口处

　　按照爱因斯坦的家世以及生平时间顺序，博物馆分成9个展区，分别是：犹太遗产、慕尼黑（1880-1894）、乌尔姆（1879-1880）、阿劳（1895）、苏黎世（1896-1902）、伯尔尼（1902-1909）、柏林（1914-1933）、普林斯顿（1933-1945）、普林斯顿（1945-1955）。此外，还单列

Albert Einstein wird in Ulm geboren.
Albert Einstein naît à Ulm.
Albert Einstein born in Ulm.

△ 爱因斯坦1879年生于德国南部的小镇乌尔姆，墙上挂着爱因斯坦父母以及他本人年幼时的照片。

了三个专题区：狭义相对论、广义相对论、宇宙学。

总的印象，这个博物馆以展板为主，实物藏品不多。展陈水平较高，艺术感强。布展理念也很先进，把爱因斯坦描写得很生动、很人性，没有像我们中国人通常做的那样，把爱因斯坦拔得很高，为尊者讳。进门处，就有几个展板专门谈到爱因斯坦的个性，说他讲话有斯瓦本口音、不是个语言天才，能讲少许意大利语、法语和英语，但都不流利；说他不信宗教，但强烈认同他的犹太根源；说他喜欢航行但不会游泳；还说他不修边幅；特别有意思的是，展板专门说到他的女人缘：两次婚姻，此外还爱过一位物理学家、一位间谍、一位图书馆馆员、一位夜总会舞女（不太确定）。

◁ 1900年左右慕尼黑制造的袖珍指南针，令人想到爱因斯坦5岁时曾为之着迷。

▷ 1929年3月14日，爱因斯坦50周岁。普鲁士政府为他做了一个人像面具为他庆祝生日。这里展示的是1945年的复制品。

◁ 爱因斯坦的瑞士护照

◁ 在狭义相对论展区陈列的爱因斯坦使用过的一只怀表，这只表是浪琴公司1943年制造的。

爱因斯坦博物馆不大，实物不多，许多照片都在国内的中文出版物中很容易找到，因此很快就看完了。既然到了伯尔尼历史博物馆，也把与科技史相关的一些展品介绍一下。

◁ 环式天球仪、复合式显微镜

◁ 玻璃瓶式静电起电机

▷ 伯尔尼的织袜机

Geld und Gewerbe
L'argent et les métiers
Money and trade

△ 火炮　　　　▽ 身披铠甲的骑士

手摇火警警报器（1783 年立于伯尔尼大教堂钟塔上）

△ 喷雾灭火器　　　▽ 起重机

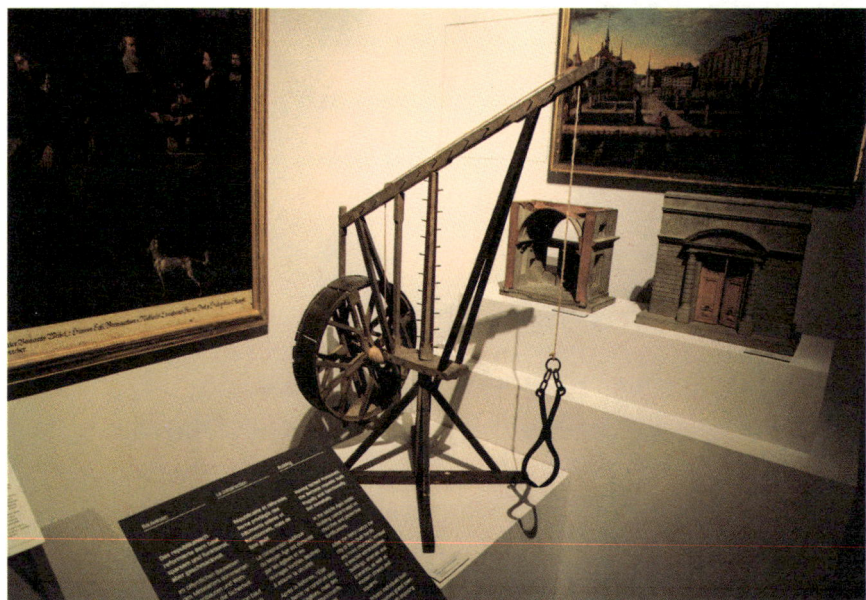

◁ 绞盘式起重机

　　看完历史博物馆，跨过维格河，可以去看爱因斯坦故居。

温特图尔瑞士科学中心

SWISS SCIENCE CENTER

温特图尔瑞士科学中心
SWISS SCIENCE CENTER

　　瑞士科学中心（Swiss Science Center）位于苏黎世东北部的小城温特图尔（Winterthur），又名 Technorama。这个词大概是 technology（技术）与 panorama（全景）合成的，或许可译作"技术全景"。这家国立科技博物馆的起源可以追溯到 1947 年成立的瑞士技术博物馆建设协会。1969 年名为"瑞士技术全景"（Technorama der Schweiz）的技术博物馆成立，目标是展示科学与技术的生动实景。1982 年，该博物馆以传统技术博物馆的方式举行了展览。受美国旧金山探索馆的影响和启发，瑞士政府于 1990 年启动了改造技术博物馆的计划。2000 年，

这一改造完成，传统的技术博物馆被完全改造成了一个科学中心。2012 年科学中心重新建造，成为现在的样子。

瑞士科学中心禀承世界通行的科学中心模式，但做得更加彻底、更加精致。他们的目标是为每一位参观者提供一个独特的实验环境，使他们无论年龄、知识背景如何，都可以按照自己设定的方式去增进自然知识。中心拥有超过 500 件互动展品和实验设备，展示面积 7000 平方米。

中心除了 12 月 25 日闭馆外，全年开放，开放时间是每天 10 点 -5 点。大人门票 26.7 欧元，6-15 岁 16.2 欧元，5 岁以下免费。

科学中心共三层。一层除寄存处、售票台、商店、餐厅等辅助性

区域外，共有"机械"、"磁"、"玩具藏品"3个展厅和4个实验室。二层有"水、自然、混沌"、"数学魔术"、"心灵景观"3个展厅，以及2个实验室和1个临时展厅。三层有"光与视觉"、"木头之声"、"其它"3个展厅，以及太空轨道仪和视听室、演说厅。

科学中心建筑由两座相邻的三层楼组成，两座楼之间是一个天井。

机械展厅里由木头制作的机械展品，实则大型木制玩具，做工精良、设计巧妙、体现机械原理，大人儿童均乐此不疲。也有观众在网上发表意见说，这完全是一个游乐场所，不像是一个传播科学的场所；还有观众说，全用木头制作的这些机械玩具太老套了。不过，我倒是觉得这些木头玩具，体现了瑞士精密机械制造（比如钟表）方面的能力，是一大特色。

◁ 全木头制作的升球机器

▷ 小型的升球器

△ 更复杂的滚球器　　　▽ 滚球器

◁ 滚球器　　　　　▽ 各式滚球器

◁ 大型的滚球器，需要几个人一起玩。

◁ 转动圆盘，后面的木条联合运动，可以产生波浪起伏的效果。

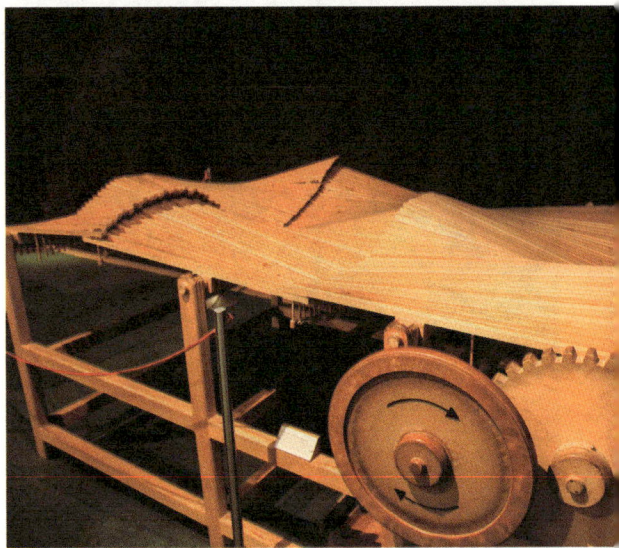

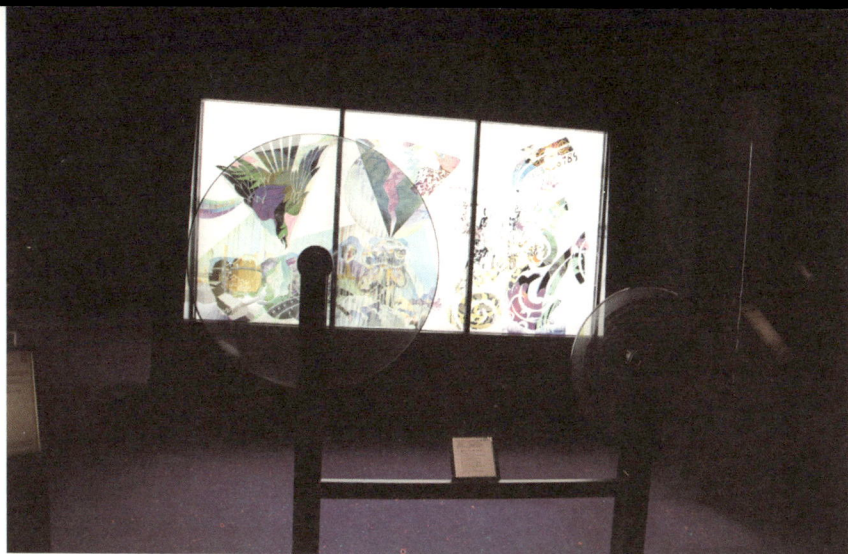

△ 转动偏振光玻璃可以看到不同的图案　　　▽ 拉起一个大泡沫墙

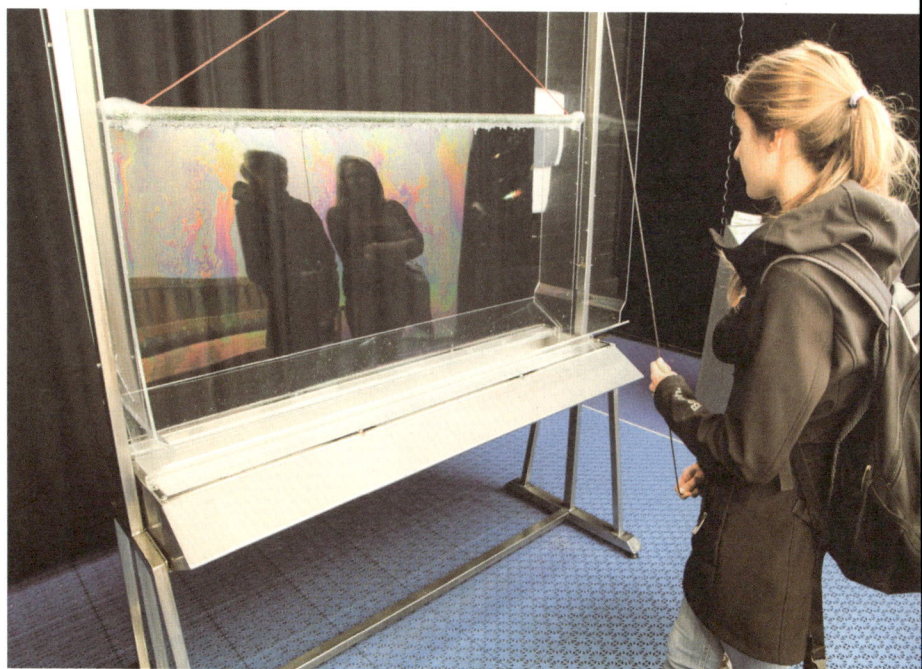

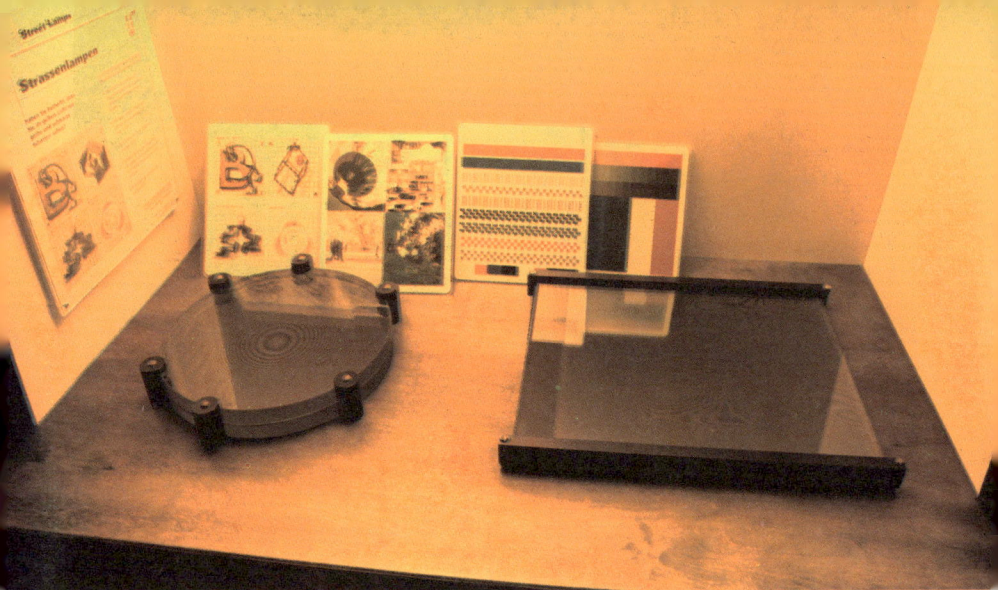

△ 演示牛顿环，一种在薄膜中产生的光的干涉现象。

▽ 用光照射一个复杂镂空的立体球，随着球的转动，居然可以产生十分规则而且不同的图象。这是第一幅，是一个钟表表盘。

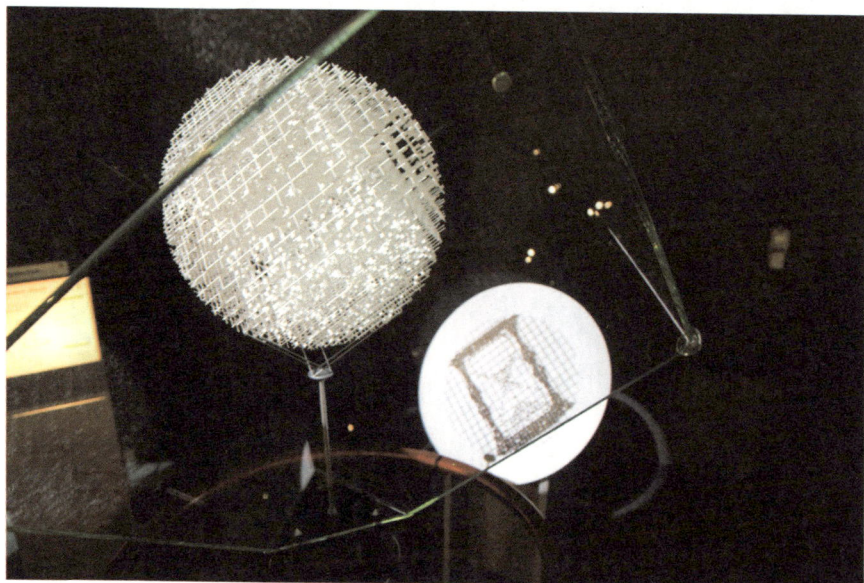

◁ 第二幅，像是一个沙漏。　　◁ 第三幅，是一个日晷。

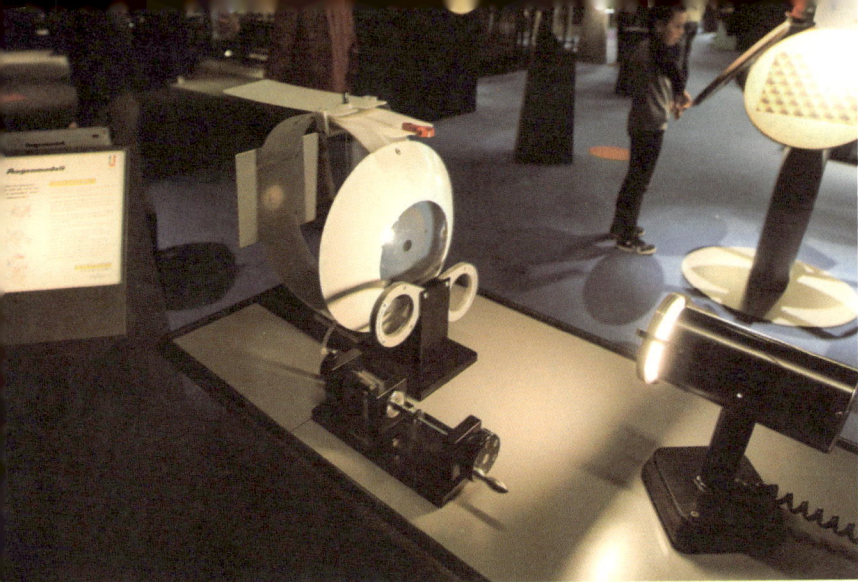

△ 眼球模型　　　▽ 演示光的反射现象

△ 光学成像实验　　　　　　　▽ 调整透镜的位置，让两头的观众产生视觉延迟。

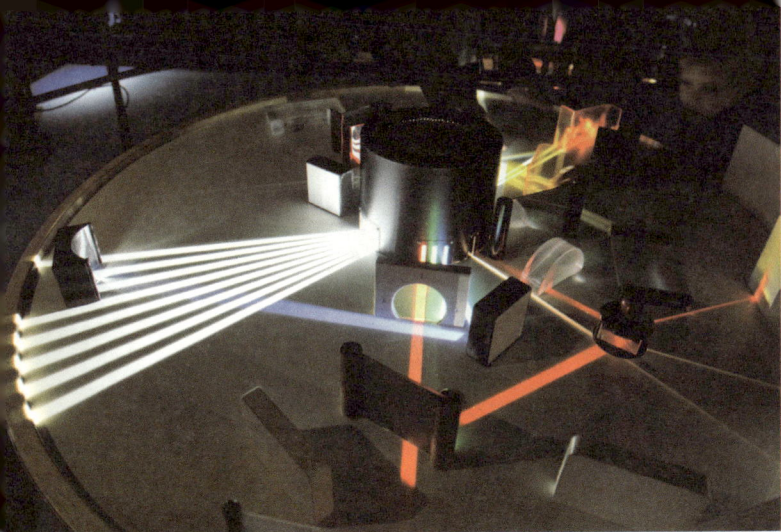

△ 各种透镜各种光源，观众可以自由地组合、尝试，发现各种光的折射现象。

▽ 变速器模型

▽ 双摆联动控制下的
机械笔画图

△ 沙漏摆在运动的传
送带上形成波形

◁ 微型傅科摆

△ 摆的振动与波的形成

◁ 绳子被飞轮抛出形成的抛物线

◁ 放电表演

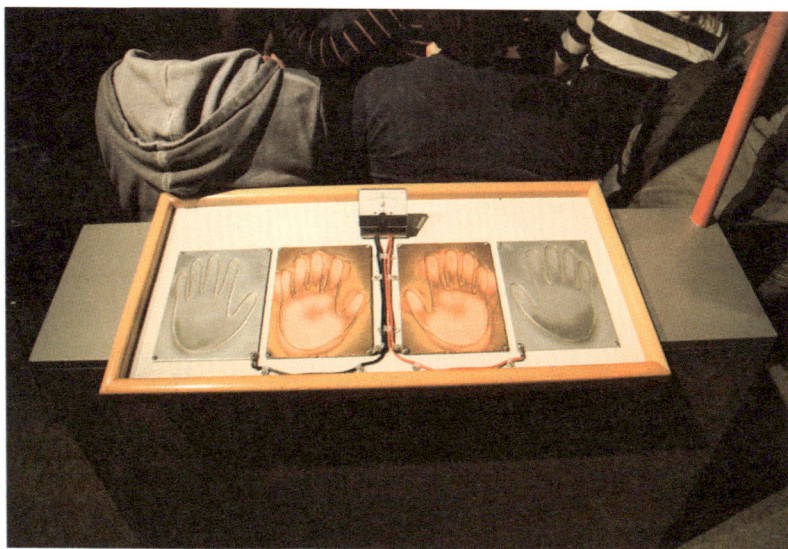

▷ 伏打电的演示。左右手当作导体，如果两只手放在相同金属上，则电表指针不转动；如果分别放在不同的金属上则有电流出现。

▽ 古老的火车模型，这些模型本身就是珍贵的藏品

△ 古老的火车和汽车模型

▽ 轮船模型

◁ 观众尝试浑身带电，头发全部炸开。　　　▽ 化学实验室

△ 测量不同材质的辐射量　　　▽ 云室

◁ 设计一个电路　　　　　◁ 看看电磁铁是如何工作的

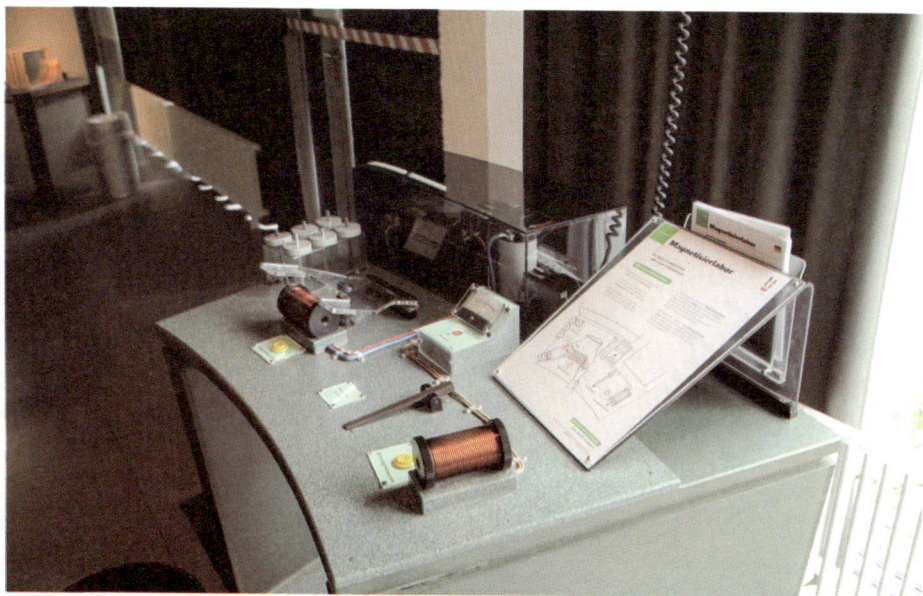

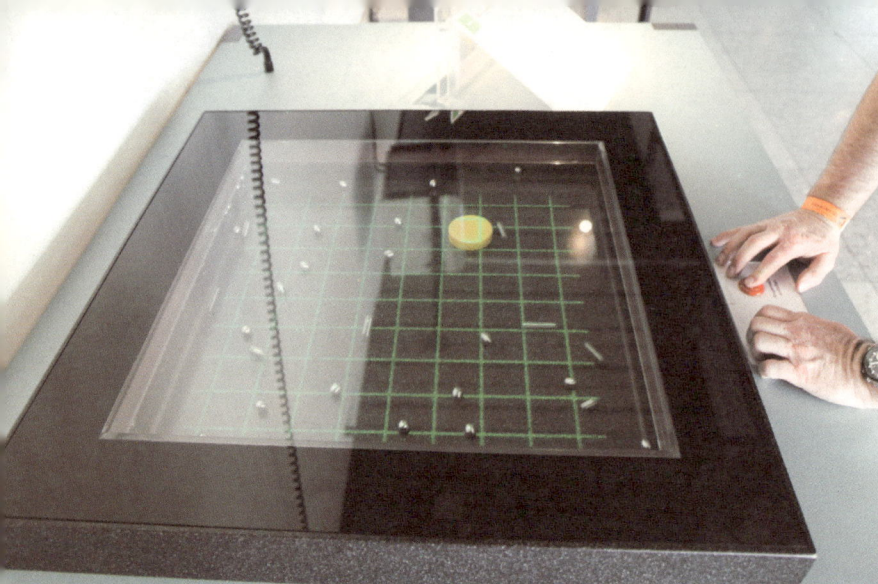

◁ △ 演示布朗运动　　　◁ ▽ 圆周率的值被写成好多圈

◁ 拼图游戏

◁ 搭拱桥

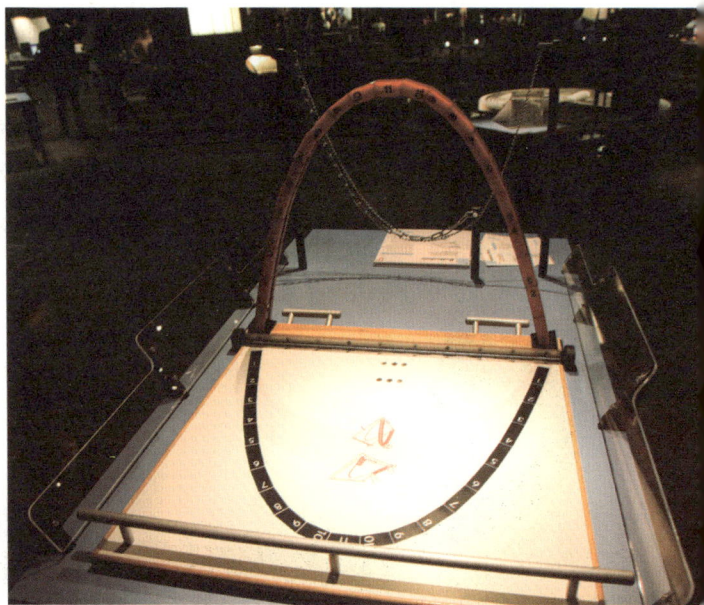

◁ 不同的搭桥方法　　　　▷ 用光线的反射来展示椭圆的焦点

◁ 天平　　　▽ 滚球在沙子上滚出的美丽图案

转出一个双曲线

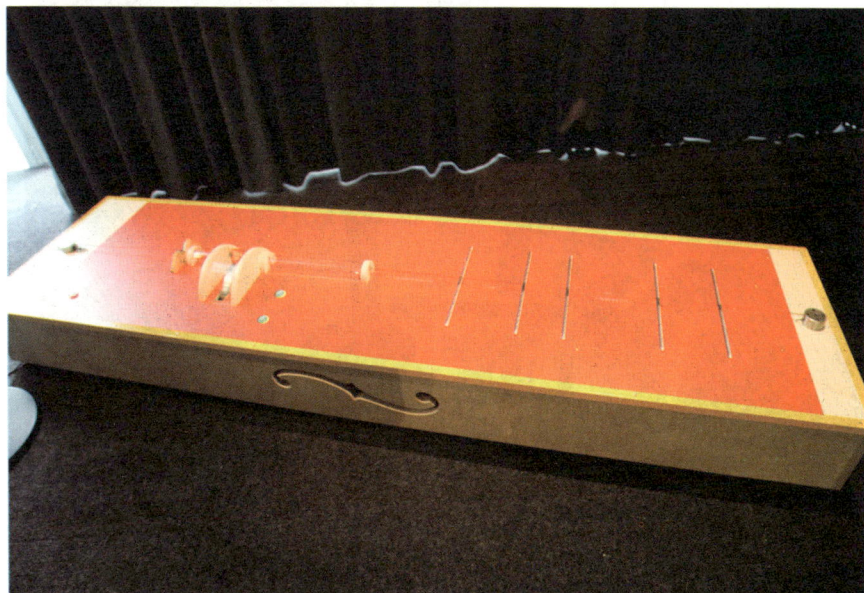

△ 琴弦的发音机制　　　▽ 弦长与音高的关系

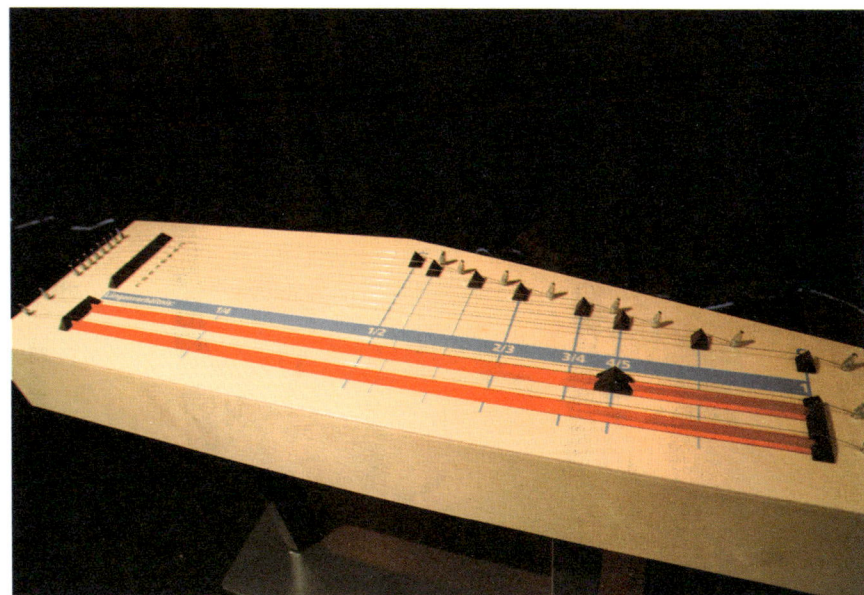

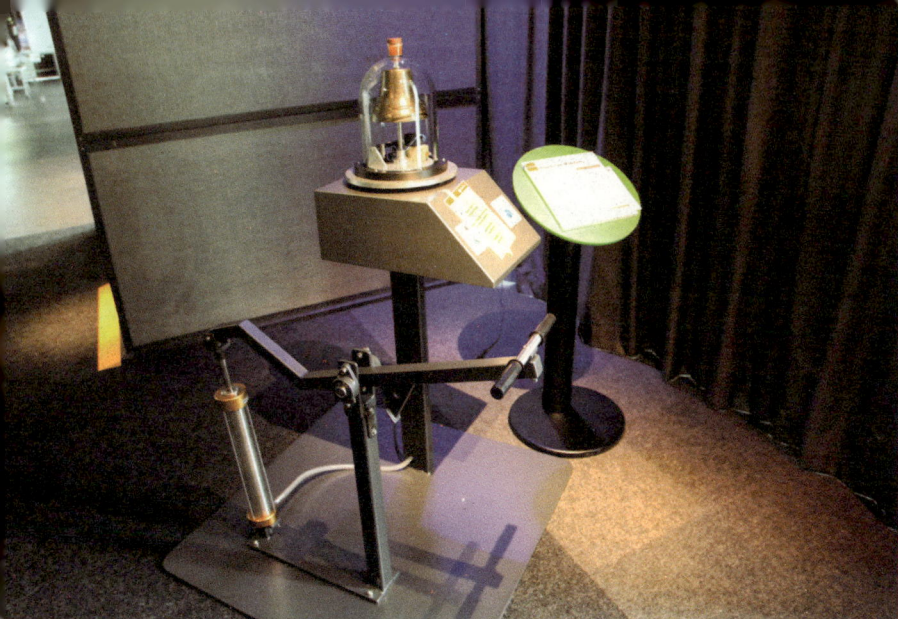

◁ 抽真空，让真空中的铃声消失。

▽ 喉咙为何会发出不同的声音。用吹气机对着不同的管子吹吹试试，听听管子会发出怎样的声音。

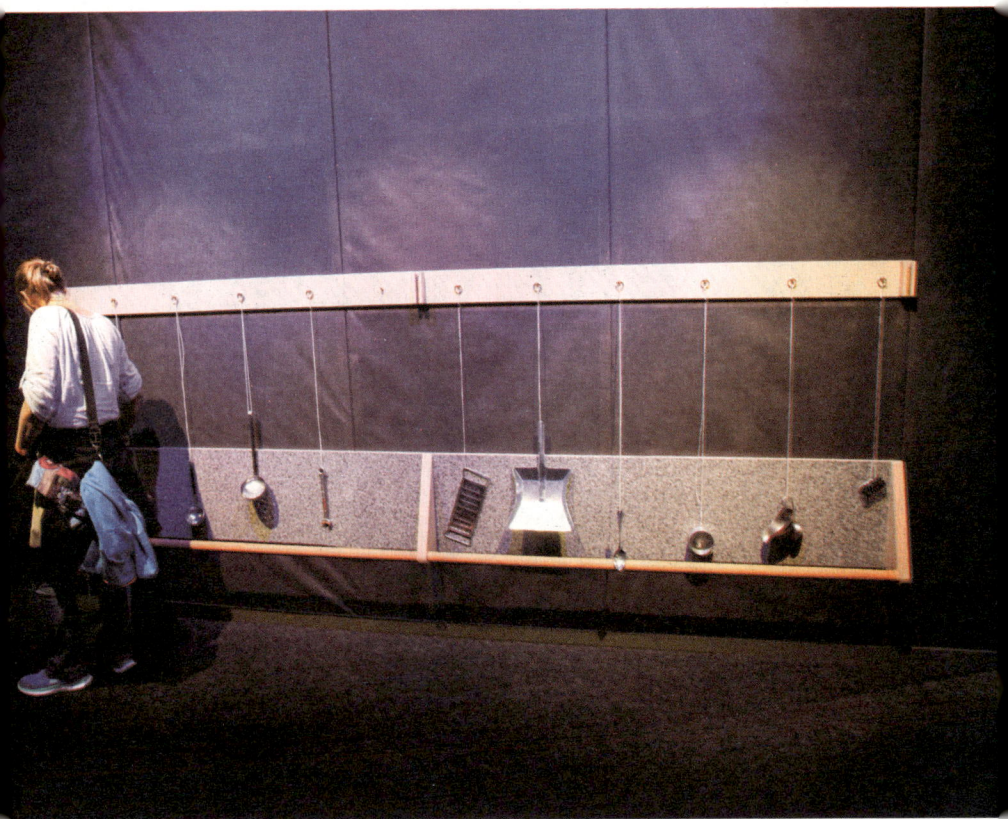

△ 敲击不同的器物，听听它们的声音有什么不同。

△ 音高与音柱长度的关系

　　瑞士科学中心内部背景灯光较暗，加上参观那天正好外面下雨，光线更弱，许多展品不容易拍出效果来。总的感觉，这个科学中心的展品做工精湛，实验室和科学教育场所较多。特别受欢迎的木制机械玩具厅，给人喧闹的游乐场的感觉。这大概是今日所有科学中心共有的问题。

走向科学博物馆

中国的科技馆事业正在进入快速发展时期。公众参观科技馆的意愿越来越高，各级政府投资兴建科技博物馆热情也很高。然而，什么是科技馆？应该以何种路径发展科技馆？这些基本的理论问题还没有引起足够的关注。基本的理论问题没有达成共识、甚至处在无意识状态，我们的发展就有盲目的危险。

可以肯定，科技馆是一种来自西方发达国家的文化制度，要解决这些理论问题必须先正本清源，回到西方的语境之中，考察它的历史由来和发展历程。然而问题在于，迄今为止，我们日常习用的"科技馆"或"科学技术馆"等名称还没有官方正式发布的英文名称，以致于我们甚至无法肯定"科技馆"是否博物馆，以及如果是的话，它对应的是哪种博物馆类型。

在西方国家，广义的科学博物馆（Science Museum）包括自然博物馆（Natural History Museum，简称 NHM）、科学工业博物馆（Museum of Science and Industry，简称 MSI）、科学中心（Science Center，简称 SC）三种类型，狭义的科学博物馆往往专指其中的第二类即科学工业博物馆。中国科协下属的中国自然科学博物馆协会目前下设自然博物馆、科技馆、自然保护区、水族馆（动物园、植物园）、天文馆、专业科技博物馆、湿地博物馆、国土资源博物馆等专业委员会。按照这个组织架构，似乎我国的"自然科学博物馆"相当于西方广义的"科学博物馆"，而"科技馆"，就目前全国各地实际的科技馆建设方案来看，不搞收藏、专门展出互动展品，则相当于西方的"科学中心"（比如广东省就称"广东科学中心"而不称"广东省科技馆"）。这样一来，我国的科学博物馆事业中就可能漏掉了综合的"科学工业博物馆"这个环节。

我认为，关注"科学工业博物馆"这个环节，是中国科学博物馆事业发展中的题中应有之义。走向科学博物馆，回归科技馆的博物馆本性，是未来中国科技馆事业发展中不可忽视的一种思路。

一 什么是科学博物馆

科学博物馆首先是博物馆。什么是博物馆？博物馆的基本功能是收藏、维护、展览，同时又要发挥研究、教育和娱乐的作用。在历史的发展过程中，博物馆的功能和定义发生了很多变化。传统上，博物馆是行使收藏、维护和展览功能的非营利性的常设机构：强调

"常设功能"是要与博览会相区别，强调"非营利性"是要与娱乐场相区别。此外，现代博物馆越来越强调自己的教育功能，但它是一个非正式教育场所，与正规的学校教育不同。科技博物馆本身也有变化。科学中心、天文馆可以不收藏。收藏的也不一定只是标本，也可以看活的东西，比如动物园、水族馆。这些场馆现在也被归入科技博物馆的行列。

总的来说，从内容上讲，博物馆有三大类别：艺术博物馆（Art Museum）、历史博物馆(History Museum)、科学博物馆(Science Museum)。在发达国家，科学博物馆的观众数量增长很快，直追传统的艺术博物馆和历史博物馆。

科学博物馆有广义和狭义之分。正如前面所说，广义的科学博物馆有三个大的类别：第一个类别是自然博物馆，收藏展陈自然物品，特别是动植矿标本，观众被动参与；第二个类别是科学工业博物馆，收藏展陈人工制品，特别是科学实验仪器、技术发明、工业设施，观众也是被动参与；第三大类别是科学中心，通常没有收藏，但观众是主动参与，通过动手亲身体验科学原理和技术过程。狭义的科学博物馆指的是其中的第二种，区别于自然博物馆和科学中心。

我国的"科技馆"目前走的就是科学中心的道路，但是始终没有采用科学中心的名称，只有广东明确打出旗号叫广东科学中心，其他地方都还叫科技馆。

关于这三个类别的科技博物馆，在我国有一个广泛存在的认识误区。有些人认为上述三个类别是科技博物馆发展历史的三个阶段：自然博物馆活跃于 17、18 世纪，科学工业博物馆活跃在 19 世纪，科学中心活跃在 20 世纪。这当然也不错，但我们要注意到，历史上三种类别的科技博物馆虽然有历史先后的顺序关系，但是，新的类型出来之后并没有把老的类型取代掉。科学工业博物馆出来后，自然博物馆没有被取代。同样，科学中心出来之后，科学工业博物馆也照办不误。因此，我们要认识到，三大类别的科学博物馆既是历时的又是共时的："历时的"，是历史上先后出现的；"共时的"，后者并不取代前者，而是各有所长、相互补充、相互借鉴、相互渗透。比如，今天的自然博物馆和科学工业博物馆都大量采纳科学中心的互动体验方法来布展，改变了传统上观众被动参与的模式。

在中国科学博物馆的发展过程中，我们跳过了科学工业博物馆这个环节，直接走向科学中心类型。这个做法也许有它的历史合理性，但是，我们也要反思它的问题。缺乏科学工业博物馆这个环节，可能使我们忽视科学技术的历史维度和人文维度，单纯关注它的技术维度。

二 科学博物馆的历史由来

博物馆（Museum）是现代特有的文化机构，但其词源是希腊语的 Mouseion。

Mouseion 原意是供奉智慧女神缪斯（希腊语 Mousai，拉丁语 Muses）的神庙。托勒密王朝统治下的埃及亚历山大城曾经建有一个被命名为 Mouseion 的文化机构。它包含有图书馆、动物园、植物园和研究所，收留学者在这里开展科学研究，大体相当于我们今天的科学院，并不是现代意义上的博物馆。科学史界通常将之音译为"缪塞昂"，或译成"缪斯宫"，而不译成"博物馆"。

现代意义上的博物馆起源于文物古玩的收藏传统。收藏之风自古皆有，中外皆同，王公贵族、帝王将相都有此爱好。古希腊和古罗马时代，人们常常在神庙里供奉稀有之物。中世纪这一传统似乎中断，但据史载，在有些修道院里也有关于植物标本、化石、矿石和贝壳的收藏。

文艺复兴时期，对古代书籍和古代遗物的收集成为时尚。新大陆的发现和世界航路的开辟，使欧洲人眼界大开，来自异域的奇珍异宝为达官贵人们所亲睐。印刷术的发明，使得收藏家之间可以便利地传播和交换各自的藏品目录。到了 17、18 世纪，私人收藏极为盛行。

现代意义上的博物馆是现代性的必然产物。何谓现代性？现代性是现代社会的发展所遵循的、借以区别于前现代社会的基本原则，它至少包含人类中心主义的原则和征服自然的原则。作为征服自然的战利品，各种动物、植物和矿物标本被采集和收藏，成为博物馆的第一批藏品。

从现代性的角度看，博物馆是干什么的呢？为什么博物馆这种文化制度只出现在现代的欧洲，而没有出现在古代希腊或中国？我认为，首先一点，博物馆是现代性自我生成、自我确认的场所。出国旅游的人都知道，西方的博物馆是西方社会的典型文化景观。旅游不看博物馆，基本上遗漏了核心的人文景观。一个人看博物馆的多少，意味着他进入现代性的程度和深度。我们中国人出去玩很少看博物馆，我们没有养成看博物馆的习惯，那是因为我们尚未进入现代，尚未成为现代人。

为了理解博物馆是现代性的生成和维系场所，是现代社会合法性的生产场所，我们只须举一个例子就可以看得很清楚。我们中国并不是没有博物馆，我们中国人其实也看过一些博物馆，但我们拥有的和看过的大多数是革命博物馆，这正是我们的政治课所要求的捍卫革命神圣性和合法性。通过革命博物馆的反复参观，让我们认同没有共产党就没有新中国、只有社会主义能够救中国。实际上，西方社会里的博物馆也有这种隐蔽的功能。无论科学博物馆还是自然博物馆，都有这种功能。博物馆里的展品不是单纯的中性的展品，本身就是在维护某种东西的合法性。博物馆的空间划分也不是中性的。还举我们中国人比较熟悉的例子，比如，某个过去有争议的人物进博物馆了，这就意味着有新的政治动向。我们不太讨论航天飞机进博物馆，也不太讨论大鲨鱼进入博物馆，只是因为我们对这些东西不敏感。

在西方国家，人种博物馆的展品摆设经常会有政治正确还是不正确的问题。奋进号航天飞机退役后进入了加州科学中心，成为当时轰动一时的公共事件。上海老自然博物馆要拆除，引发了一代上海人的怀旧潮。所有这些，都是因为博物馆深深植根于现代社会借以获得合法性的现代性之中。

博物馆在近代欧洲的出现，与现代性对自然的征服有关。所有的征服者都喜欢展示陈列战利品，通过陈列战利品感觉自己很伟大。现代西方人对自然的征服，对非西方人的征服，催生了博物馆这种文化场所的出现。最早的博物馆主要是征服自然的战利品：各种各样的动物、植物、矿物标本拿出来显摆，显示西方人对自然的控制。

博物馆是从私人珍藏室和珍宝馆脱胎而来的。珍宝馆往往以收藏为主，不对公众开放。博物馆之诞生的关键是建立"公众开放"观念。1682年，英国贵族阿什莫尔（Elias Asmole）将其收藏的钱币、徽章、武器、服饰、美术品、出土文物、民俗文物、动植物标本捐献给牛津大学，创立了世界上第一座博物馆——阿什莫尔博物馆（Asmolean Museum）。阿什莫尔博物馆的旧址在牛津的宽街上面，旧址大楼现在是牛津大学的科学史博物馆。今天的阿什莫尔博物馆搬到了不远处的另外一个地方，主要是一个艺术博物馆而不是自然博物馆或科学博物馆。

然而，早期的博物馆通常主要收藏和展示自然标本，都是自然博物馆。

18世纪博物馆开始大爆发，先后诞生了爱尔兰国家博物馆（1731年）、维也纳自然博物馆（1748年）、伦敦大英博物馆（1753年）、威尼斯艺术学院美术馆（1755年）、哥本哈根国立美术馆（1760年）、俄国爱尔米塔什艺术馆（1764年）、西班牙国立博物馆（1771年）、美国南卡罗莱纳查尔斯顿博物馆（1773年）等博物馆。

18—19世纪博物馆大发展，源于启蒙运动和法国大革命后对公共教育的重视。许多贵族珍藏室开放成为博物馆。1793年，卢浮宫改建为共和国艺术博物馆具有象征和示范意义。启蒙运动造就自我认同，民族国家的自我认同，通过什么？通过博物馆。我们要体现民族自豪感？通过博物馆。18世纪以后的博物馆，越来越多开始从事教育功能。之前的博物馆主要以研究为主，一般不开放或者开放得很少，一周开几次，放几个人进去。法国大革命之后，原来的皇宫、皇家花园对普通公众开放，成为博物馆、植物园。

18—19世纪，也是自然博物馆大发展的时期。这时期，动物、植物、矿物、人种等博物学科（Natural History，自然志）有了极大地发展。自然博物馆通常是博物学的研究基地。对自然界进行盘点的结果就是出现了世界四大自然博物馆：法国自然博物馆（1742年）、伦敦大英博物馆（1753年成立，其自然部于1881年分立出来，1963年正式成立大英自然博物馆）、美国华盛顿国家自然博物馆（1773年）、纽约美国自然博物馆（1869年）。

19 世纪博物馆大发展，还源于殖民主义者对非西方文明的文化遗产的掠夺。

18 世纪工业革命产生的一个后果是，谁掌握了工业谁就是世界老大。整个 19 世纪是科学工业博物馆大发展的时期，著名的科学工业博物馆有法国巴黎工艺博物馆（1794 年）、维多利亚和阿尔伯特博物馆（1852 年）、伦敦科学博物馆（1857 年）、洛杉矶科学工业博物馆（1880 年）、日本国立科学博物馆（1871 年）、莫斯科学技术博物馆（1872 年）、芝加哥科学工业博物馆（1893–1933 年）、慕尼黑德意志博物馆（1903 年）、维也纳技术博物馆（1918 年）、亨利·福特博物馆（1929 年）等。这些博物馆都起源于对工业革命成果的回顾与展示。

世界博览会催生了科技博物馆，比如 1851 年伦敦举办的首次世界博览会催生了伦敦科学博物馆，1876 年美国费城举办的世界博览会催生了富兰克林学会科学博物馆。世博会与科技博物馆的共同之处是，都收集和展示；都接待观众；都维护展品。世博会与科技博物馆的不同之处在于，博物馆是常设机构而世博会不是；世博会更多的是娱乐而非教育；世博会更多展示而不收藏。

世界博览会成了展示国家工业成就的方式。在展览会结束之后，或是将世博会的展品交给某个博物馆，如上海世博会云南展厅的恐龙化石在上海世博会结束后交给了上海科技馆；或是建立一个博物馆以收藏和展示世博会的展品，如英国在首次世博会之后就建立了维多利亚和阿尔伯特博物馆，其中科学与工业类的藏品于 1853 年分离出来，成立了南肯辛顿科学技术博物馆，后来演变成为伦敦科学博物馆。

最早的工业技术博物馆诞生于法国，这就是今天的法国巴黎工艺博物馆（Musee des Arts et Metiers，Museum of Arts and Crafts），它与国家工艺学院（Conservatoire national des arts et métiers，National Conservatory of Arts and Crafts）互为表里，用我们中国人的话说就是一个实体、两块牌子。前者负责对外布展，后者负责收藏。国家工艺学院成立于 1794 年，专门收藏科学仪器和技术发明。现今的巴黎国家工艺博物馆于 2000 年重新整修以现名对外开放。博物馆目前展出 2400 件历史性的藏品，包括傅科摆原件、自由女神像原模、帕斯卡计算器原件、拉瓦锡的实验仪器原件这些极为珍贵的科学技术历史遗产。

我国科技馆界工作人员去法国考察，很少去看工艺博物馆，都是去看维莱特科学中心和发现宫，原因就是我们缺少科学博物馆的第二种类型——科学工业博物馆。法国的三类科学博物馆是分开建的：法国自然博物馆、法国工艺博物馆、维莱特科学中心和发现宫四足鼎立。伦敦科学馆是合二为一，里面既有科学中心，也有科学工业博物馆的那些东西。芝加哥科学工业博物馆、德意志博物馆与伦敦科学馆的模式相似，都是科学工业博物馆＋

科学中心。

20 世纪科学博物馆大爆发，与人类进入科学时代有关。博物馆对科学时代的追随稍微晚半拍。19 世纪已经是科学的世纪，但公众开始喜欢科学、追逐科学，在 20 世纪表现得最为充分。20 世纪 50 年代以来，科技博物馆成倍增长，大大超过其它类型博物馆的增长速度。其中科学中心的崛起，是科学博物馆整体数目上升、影响增大的主要因素。现在经常提到的旧金山探索馆、安大略科学中心和维莱特科学中心，均是 50 年代之后的产物。

三 我国科技馆的现状与问题

中国博物馆是从西方传过来的，是西学东渐的结果。中国文化本来就缺乏博物馆传统：一来重"文"轻"物"，二来没有公共公开意识。王公贵族有收藏奇珍异宝之好者，往往私藏而秘不示人；中国人的文化认同主要靠"文"和"字"，并不通过以"物"为主的博物馆。中国人自己创建的第一座博物馆是南通的博物苑，由实业家张謇于 1905 年创办。

中国的科技类博物馆在所有博物馆中起步最晚。1958 年中国科技馆开始筹建而没有建成，直到 1988 年中国科技馆一期工程才完工。后来，各地陆续建了很多科技馆，但很多科技馆有其名无其实。多数打着科技馆名号修建的建筑，经常被挪作它用，有些甚至完全没有展品。直到 2000 年底中国科协颁布《中国科协系统科学技术馆建设标准》，此后科技馆建设才逐步走上正规。

近十几年科技馆发展形势喜人，主要是由于我国经济发展、政府投资、观众量增长的推动。现在各地已经建成了不少建筑面积超过 2 万平方米的大型科技馆，还有一大批正在建设中，如河南科技馆新馆、湖北科技馆新馆等。今后若干年，所有省会城市都会陆续建成超过 2 万平方米的大型综合性科技馆。

我国科技馆发展虽然形势喜人，但问题也比较突出。有些问题正在逐步解决。比如科技馆曾经经费不足，现在政府经费拨款普遍增加；曾经科技馆缺少起码合格的工作人员，现在中国科协和教育部联合培养高层次科普专门人才，办了很多科普方向的硕士研究生班，主要为科技馆培养后备人才；曾经科技馆难以吸引参观者，现在中国进入休闲社会，加上很多科技馆免费开放，观众十分踊跃。

当然，还有一些问题尚未解决或者尚未完全解决。一是理论研究滞后，许多基本的理论问题没有仔细研究、形成共识。二是展览水平低，展品雷同，特色不够。为什么特色不够或者雷同？我认为主要的原因在于，中国的科技馆都自觉不自觉地把自己等同于科学中心，完全不收藏，只搞互动展品。在世界范围看，科学中心模式本来就很难创新，加上中国的科技馆界通常自己缺乏研制展品能力，只能照搬照抄国外科学中心的展品，千馆一面就几乎是必然的后果。世界上一些有名的科学中心我都去看过了，我觉得都差不多。你要看特色，就必须有历史藏品，只有历史藏品才会有特色。我们把科技馆等同于科学中心，就难免雷同、千馆一面。当然，雷同也未必是坏事。每个省会城市办一个这样的馆，即使相互之间雷同，也问题不大。普通观众也不会像专家一样，比较各省会城市的科技馆。只要各省会综合大馆充分发挥自己的功能就可以。

我国科技博物馆的发展是跨越式发展，从自然博物馆直接到科学中心，缺失了科学工业博物馆这个环节。这一来是因为中国的工业化时间短，值得保存的工业遗产较少；二是因为我们普遍对科学技术的理解仅限于科学和技术本身，未考虑到科学技术的社会背景和人文的关联，历史维度淡薄。

跨越式发展，直接发展科学中心当然有它的合理之处。科学中心无须收藏，这样易于白手起家，尽快一步到位；此外，互动体验型展示，观众亲自动手，深受观众尤其少年儿童的喜欢，可以很快聚集人气，产生效果。

我们要想创造不雷同的科技博物馆，从根本上看，一是发展各馆自己的自主研制展品的能力，二是补上科学工业博物馆这个环节，开展科学技术与工业历史遗产的收集、收藏和布展工作。

四 走向科学博物馆

我们的跨越式发展，错失了对我们的工业遗产、科学遗产的收集整理，导致科学工业博物馆这个环节缺失。当然这不是科协一家的事，是全社会的事情。我经常在北大和校领导讲，我们北大为什么不建科学博物馆？为什么不抓紧收集北大历史上的理科教具、科研设备、设施？可是很多人没有这个概念，中国科学院也没有这个概念。中国人本来就重文轻物，文字传统压倒器物传统，这个制约了科学博物馆事业的发展。现在的许多校史馆、博物馆，器物遗产非常少，多是一些文字文物，甚至只有一些临时展板。

科学中心是时代发展的趋势，确实非常好。20世纪科学博物馆吸引那么多观众参观，这与科学中心的发展有关系。科学中心有没有缺点呢？我认为是有缺点的。首先，互动体验型展品更善于表达物理学，如力学、声学、光学、电磁学知识，但不太善于表现进化论、博物学、化学、生物学。其次，过份强调动手，观众就不怎么动脑了，极大地削弱了科技馆的教育功能，而沦为游乐场。在科学中心里，小孩子特别高兴，十分热闹，但是氛围不适合慢慢的品味。我们到艺术博物馆去，可以站在画前静静地欣赏好长时间，但在科学中心里难以做到。光强调动手不强调动脑会削弱教育，容易沦为游乐场。第三，展品设计者将科学原理和技术过程物化的过程中，过于明确地提供标准答案，没有开放性问题，杜绝了观众自主思考的余地。第四，就科技谈科技，缺乏来龙去脉的历史背景展示。第五，借助高新技术的互动展品容易被飞速发展的家庭娱乐电子设备所赶上甚至超过，逐渐丧失魅力，科学中心模式要么不可持续，要么面临不断的更新换代，极大地提高了运行成本。

我受湖北省科协的委托帮助设计湖北省科技馆新馆。我的一个设想就是，将新馆设计成一座科学博物馆，叫做湖北省科学博物馆，不叫科学中心，也不叫科技馆，明确叫"湖北省科学博物馆"，明确向科学博物馆的第二种类型（科学工业博物馆）回归，以伦敦科学博物馆为范本。伦敦科学博物馆展示的主要是历史遗产，是实物，并且想方设法把科技遗产的历史背景、人文的走向放进去，大人也可以在那儿久久地欣赏。在科技的历史遗产旁边有互动的展品来模拟，小孩可以玩这个。我们现在的科学中心基本上和车间差不多，展品后面的背景墙面利用很少，不像艺术博物馆和历史博物馆很重视背景布展。科学中心一般不重视背景。我举个例子，大气压的实验那是很有名的科学史事件，科学中心很少讲这个历史故事，而是直接把球内的空气抽出来让观众拉不开，从而体会大气的压力。但观众很少知道这件事情的来龙去脉。实际上，布展的时候可以模仿当年在马德堡做这一实验的历史情境，这样可以把科技的发展过程表现出来，揭示近代科学的诞生从一开始就和王公贵族的喜爱以及普通民众的积极参与结合在一起。

我的方案就是尝试把科学博物馆的三种模式融为一体。不同国家的科学博物馆发展模式不一样。伦敦是合二为一，法国一分为三，其他国家各有不同，有的合在一起做，有的分开做。我们国家缺乏大型综合科学工业博物馆。我们有火车博物馆、汽车博物馆、航天博物馆，但是没有一个综合性的科学博物馆，以展示近代西方科学技术向中国的传播过程，以及中国建立自己的科学技术体系的过程。这一空白应予弥补。

展望一个融自然博物馆、科学工业博物馆（目前中国几乎是空白）、科学中心三种模式为一体的综合性科学博物馆，她应该是：

——以历史为主线（而非以学科领域）划分展区，展现科技的发展历程，讲述一个完整而非碎片的科学故事；

——在历史情景中参与体验科学原理和技术过程。仍然发挥当代科学中心的特长，支持动手体验，而且是重演历史上的伟大发现过程。

——体现科技与社会、科学与人文的互动关系，支持观众的主动参与，对科学发展的社会后果进行辩论，提供不同讨论进路。

本文原载于《自然科学博物馆研究》2016 年第 3 期